Geographischer Leitfaden

von

Professor Dr. A. Laves,
Oberlehrer am Königl. Friedrich-Wilhelms-Gymnasium in Posen.

Siebente verbesserte Auflage.

Berlin.
J. J. Heines Verlag.
1901.

Geographischer Leitfaden

von

Professor Dr. A. Laves,
Oberlehrer am Königl. Friedrich-Wilhelms-Gymnasium in Posen.

Siebente verbesserte Auflage.

Berlin.
J. J. Heines Verlag.
1892.

Vorwort zur siebenten Auflage.

Diese neue Auflage ist nur wenig verändert; abgesehen von den notwendigen statistischen Berichtigungen ist sie mit einigen Zusätzen versehen.

Posen, im Mai 1892.

Der Verfasser.

Erster Teil.

§ 1. Vorbemerkungen.

1) Die Linie, wo Erde und Himmel sich scheinbar berühren, heißt **Horizont**.

2) Die Gegend an dem Horizont, wo die Sonne aufgeht, heißt **Morgen** oder **Osten**; die Gegend, wo sie untergeht, **Abend** oder **Westen**; die Gegend, wo wir am **Mittag** die Sonne sehen, Mittag oder **Süden**; die Gegend, wohin dann unser Schatten fällt, **Mitternacht** oder **Norden**.

3) Die **Erde** hat die Gestalt einer **Kugel**.

4) Die Erde dreht sich beständig a. um sich selbst, b. um die Sonne.

5) Die beiden Punkte, welche bei der Bewegung der Erde unbeweglich bleiben, heißen **Pole** (Nord= und Südpol).

6) Die Linie, welche man sich von dem Nordpol bis zum Südpol durch die Erde gezogen denkt, wird **Erdachse** genannt.

7) Der **Äquator** ist diejenige Linie, welche man sich von Westen nach Osten, in gleichweiter Entfernung von den beiden Polen, um die Erde gezogen denkt.

8) Die Erde wird eingeteilt in 5 **Zonen** oder **Erdgürtel**: a. die heiße, b. die nördliche gemäßigte, c. die südliche gemäßigte, d. die nördliche kalte, e. die südliche kalte Zone.

9) Die Oberfläche unserer Erde besteht teils aus Land, teils aus Wasser. Das Wasser nimmt mehr als 2 Dritteile, das feste Land noch nicht ein Dritteil der Erdoberfläche ein.

10) Die Grenzlinie zwischen dem Meere und dem Lande heißt **Küste, Ufer, Gestade, Strand.**

11) Ist eine Ländermasse ganz vom Meere eingeschlossen, so wird sie **Insel** genannt; hängt sie nur auf einer Seite mit dem Festlande zusammen, während sie an den übrigen vom Meere begrenzt ist, so heißt sie **Halbinsel**; eine schmale Halbinsel nennt man eine **Landzunge.**

12) Reicht das Land als Berg in das Meer hinein, so entsteht ein **Vorgebirge** oder **Kap.**

13) Werden 2 Ländermassen durch einen schmalen Landstreifen verbunden, welcher vom Meere umgeben ist, so heißt diese Verbindung eine **Landenge** oder ein **Isthmus.**

14) Hängen 2 Meere durch schmale Wasserstreifen zusammen, so heißen diese **Meerenge, Straße, Sund** oder **Kanal.**

15) Einen Einschnitt des Meeres in das Land nennt man **Meerbusen, Golf, Bai, Bucht.**

§ 2. Die 5. Oceane.

1) **Das nördliche Eismeer.**
2) **Der atlantische Ocean.**
3) **Der große Ocean.**
4) **Der indische Ocean.**
5) **Das südliche Eismeer.**

§ 3. Die 5 Erdteile mit ihren Grenzen.

A. Die alte Welt.

1) **Europa**	10,000,000 qkm.	351	Mill. Einwohner.
2) **Asien**	44,000,000 „	832	„ „
3) **Afrika**	30,000,000 „	200	„ „

B. Die neue Welt.

4) **Amerika**	38,000,000 qkm,	123	Mill. Einwohner.
5) **Australien**	9,000,000 „	5	„ „

1) **Europa** grenzt im Norden an das nördliche Eismeer im Süden an das mittelländische Meer, im Westen an den atlantischen Ocean im Osten an Asien.

2) **Asien** grenzt im Norden an das nördliche Eismeer, im Süden an den indischen Ocean, im Westen an Europa, im Osten an den großen Ocean.

3) **Afrika** grenzt im Norden an das mittelländische Meer, im Süden an den indischen und atlantischen Ocean, im Westen an den atlantischen Ocean, im Osten an den indischen Ocean.

4) **Amerika** grenzt im Norden an das nördliche Eismeer, im Süden an den großen und atlantischen Ocean, im Westen an den großen Ocean, im Osten an den atlantischen Ocean.

5) **Australien** ist vom großen und indischen Ocean umschlossen.

§ 4. Europa.

I. Meerbusen.

A. Im nördlichen Eismeere.

1) Das karische Meer. 2) Das weiße Meer.

B. Im atlantischen Ocean.

3) Das mittelländische Meer.

a. Der Golf du Lion. b. Der Golf von Genua. c. Das tyrrhenische Meer. d. Das adriatische Meer. e. Das ionische Meer. f. Das ägäische Meer oder der griechische Archipelagus g. Das Marmara-Meer. h. Das schwarze Meer. i. Das asow sche Meer.

4) Der biscayische Meerbusen.

5) Die Nordsee. 6) Die Ostsee: a. der bottnische, b. der finnische, c. der rigaische Meerbusen.

II. Meerengen.

1) Die karische Straße. 2) Der Georgskanal. 3) Die irische See. 4) Der Nordkanal. 5) Der Kanal (la Manche). 6) Das Kattegat. 7) Der Sund. 8) Der große Belt. 9) Der kleine Belt 10) Die Straße von Gibraltar. 11) Die Straße von Bonifacio

(spr. Bonifadscho) 12) Die Straße von Messina. 13) Die Straße von Otranto. 14) Die Straße der Dardanellen oder der Hellespont. 15) Die Straße von Konstantinopel oder der Bosporus. 16) Die Straße von Kertsch.

III. Flüsse.

A. Zum nördlichen Eismeere.

1) Die Petschóra.
2) Die Dwina } ins weiße Meer.
3) Die Onéga } ins weiße Meer.

B. Zum atlantischen Ocean.

a. in die Ostsee.

4) Die Newa aus dem Ládoga-See } in den finnischen Busen.
5) Die Narwa aus dem Peipus-See } in den finnischen Busen.
6) Die Düna in den rigaischen Meerbusen.
7) Der Njemen oder die Memel in das kurische Haff.
8) Der Pregel } in das frische Haff.
9) Die Passarge } in das frische Haff.
10) Die Weichsel durch Östreich, Polen und Preußen; Mündungsarme: Nogat und alte Weichsel ins frische Haff, Danziger und neue Weichsel ins Meer. Nebenflüsse rechts: Bug; links: Brahe.
11) Die Küstenflüsse Hinterpommerns: Stolpe, Wipper, Peene, Persante, Rega.
12) Die Oder ins Stettiner Haff Mündungsarme: Peene, Swine, Diwenow. Nebenflüsse rechts: Die Warthe mit der Netze und die Ihna; links: Oppa, Glatzer Neiße, Weistritz, Katzbach, Bober, Görlitzer Neiße, Ucker und Peene.
13) Die Trave in die Ostsee.
14) Die Dal-Elf } in den bottnischen Meerbusen.
15) Der Torneafluß mit Muonio } in den bottnischen Meerbusen.

b. in das Kattegat.

16) Die Göta-Elf aus dem Wener See.

c. in die Nordsee.

17) Die Eider.

18) Die Elbe. Nebenflüsse rechts: Iser, schwarze Elster, Havel, (mit Spree); links: Moldau, Eger, Mulde, Saale (mit der weißen Elster und Bode) und Ilmenau.

19) Die Weser; Quellstrom rechts: Werra, links Fulda. Nebenflüsse rechts: Aller (mit der Ocker und Leine), links: Diemel, Hunte.

20) Die Ems mit der Haase in den Dollart.

21) Der Rhein durch die Schweiz, Deutschland und die Niederlande; an der Grenze der beiden ersten durch den Boden-See. Nebenflüsse rechts: Neckar, Main, Lahn, Sieg, Wupper, Ruhr, Lippe; links: Aar (mit der Reuß durch den Vierwaldstätter-See), Ill, Nahe, Mosel.

22) Die Maas. 23) Die Schelde.

24) Die Themse.

d. in den Kanal (la Manche).

25) Die Somme.

26) Die Seine.

27) Die Orne.

e. in den biscayischen Meerbusen.

28) Die Loire. 29) Die Garonne (Gironde).

f. unmittelbar in den atlantischen Ocean.

1) In England die Savern (spr. Sèwwern).

2) In Irland der Shannon (spr. Schönnen).

In Spanien und Portugal.

3) Der Minho (spr. Minjo).

4) Der Duero.

5) Der Mondego.

6) Der Tajo; rechts: Henares mit Manzanares.

7) Der Guadiana. 8) Der Guadalquivir.

g. in das mittelländische Meer.

1) Der Ebro durch Spanien.

2) Der Rhone durch die Schweiz und Frankreich. Nebenfluß rechts: Saone (spr. Ssohn).

3) Der Var auf der Grenze zwischen Frankreich und Italien.

4) Der Arno. 5) Der Tiber.

h. in das adriatische Meer.

1) Der Po durch Italien. Nebenflüsse links: Tessin durch den Lago Maggiore (spr. madschóre), Adda durch den Comer-See, Oglio, (spr. Oljo) durch den Iséo-See, Mincio durch den Garda-See.

2) Die Etsch durch Östreich und Italien.

i. in das ägäische Meer.

Durch die Türkei die Küstenflüsse; 1) Der Penéus oder Salamvria. 2) Der Wardar. 3) Die Maritza.

k. in das schwarze Meer.

1) Die Donau durch Deutschland, Östreich und die Balkan-Halbinsel. Nebenflüsse rechts: Iller, Lech, Isar, Inn mit Salzach, Traun, Ens, Raab, Drau mit Mur, Sau, Morawa; links: Altmühl, Naab, Regen, March, Waag, Gran, Theiß, Temes, Aluta, Pruth.

2) Der Dnjestr durch Galizien und Rußland.

3) Der Dnjepr durch Rußland. Nebenfluß rechts: Beresina.

l. in das asowsche Meer.

Der Don durch Rußland.

IV. Landseeen.

1) Das kaspische Meer.
   a. Die Wolga, der größte Fluß Europas, 3200 km lang, durch Rußland. Nebenflüsse rechts: Oka mit der Moskwa; links: Kama.
   b. Der Ural durch Rußland.
2) Der Neusiedler- und Platten-See in Ungarn.
3) Der Mälar-, Wetter- und Wener-See in Schweden.
4) Der Onéga-, Ládoga- und Peipus-See in Rußland
5) Der Boden-See in Deutschland.
6) Der Genfer- und Vierwaldstätter-See in der Schweiz.
7) Der Lago Maggiore, der Comer-, der Iséo-, der Garda-See in Ober-Italien.

V. Inseln.

A. Im nördlichen Eismeere.

1) Die Doppel-Insel Nowaja-Semlja. 2) Spitzbergen.

B. Im atlantischen Ocean.

1) Die Lofoten. 2) Island. 3) Die Faröer. 4) Die Schetland-Inseln. 5) Die Orkney-Inseln. 6) Die Hebriden. 7) Großbritannien (England und Schottland). 8) Irland.

In der Ostsee: 9) Die dänischen Inseln (Seeland Fünen) 10) Alsen und Rügen. 11) Öland und Gotland. 12) Die Alands-Inseln.

Im mittelländischen Meere: 13) Die Pityusen. 14) Die Balearen (Mallorca und Menorca). 15) Sardinien, Corsica, Elba. 16) Die liparischen Inseln und Sicilien. 17) Malta. 18) Die ionischen Inseln (Korfu). 19) Die griechischen Inseln (Euböa oder Negroponte). 20) Kandia oder Kreta.

VI. Halbinseln.

a. im nördlichen Europa.

1) Kola. 2) Skandinavien (Norwegen und Schweden). 3) Jütland. 4) Bretagne.

b. im südlichen Europa.

5) Die pyrenäische Halbinsel (Spanien und Portugal) 6) Italien oder die Apenninen-Halbinsel. 7) Die Balkan-Halbinsel: a. die Türkei, b. Griechenland mit dem Isthmus von Korinth und der Halbinsel Morea oder Peloponnes. 8) Die Krim mit dem Isthmus von Perecop.

VII. Vorgebirge.

a. im nördlichen Europa

1) Das Nord-Kap, die nördlichste Spitze Europas. 2) Kap Lindesnäs. 3) Kap Skagen. 4) Kap Landsend.

b. im südlichen Europa.

5) Das Kap Tarifa, der südlichste Punkt Europas. 6) Das Kap da Roca der westlichste Punkt Europas. 7) Das Kap Finisterre. 8) Das Kap St. Vincent. 9) Das Kap Leuca. 10) Das Kap Spartivento. 11) Das Kap Matapan.

VIII. Gebirge.

1) Das Kiölen-Gebirge. 2) Das schottische Hochland. 3) Die Pyrenäen. 4) Die Sevennen. 5) Der Jura. 6) Die

Alpen. (Der Montblanc 4800 m hoch). 7) Die Apenninen 8) Der Hämus oder Balkan. 9) Die Karpathen. 10) Der Kaukasus, das höchste Gebirge Europas (5700 m hoch). 11) Das Ural-Gebirge.

Vulkane: 1) Der Hekla auf Island. 2) Der Vesuv in Italien. 3) Der Ätna in Sicilien.

IX. Tiefebenen.

1) Die aragonische. 2) Die andalusische. 3) Die französische. 4) Die germanische. 5) Die lombardische. 6) Die ungarische. 7) Die walachische. 8) Die russische oder sarmatische. 9) Die schwedische. 10) Die irländische.

§ 5. Asien.

I. Meerbusen.

a. im nördlichen Eismeere.

1) Der obische Meerbusen.

b. im großen Ocean.

2) Das Bering-Meer. 3) Das ochotskische Meer. 4) Das japanische Meer. 5) Das ostchinesische Meer mit dem gelben Meere. 6) Das südchinesische Meer mit dem Busen von Siam

c. im indischen Ocean.

7) Der Meerbusen von Bengalen. 8) Das persisch-arabische Meer mit dem persischen und arabischen Meerbusen oder roten Meere.

II. Meerengen.

1) Die Bering-Straße. 2) Die Sunda-Straße. 3) Die Straße von Malaka. 4) Die Straße von Ormus 5) Die Straße von Bab-el-Mandeb. 6) Der Suezkanal.

III. Flüsse.

a. zum nördlichen Eismeere.

1) Der Ob. Nebenfluß links: Irtisch mit Tobol. 2) Der Jenissei. Nebenfluß rechts: Angara. 3) Die Lena.

b. zum großen Ocean.

4) Der Amur. 5) Der gelbe Strom oder Hoangho. 6) Der blaue Strom oder Jangtsekiang. 7) Der Mékong. 8) Der Menam.

c. zum indischen Ocean.

9) Die Irawadi. 10) Der Brahmaputra. 11) Der Ganges 12) Der Indus. 13) Der Euphrat und Tigris, nach ihrer Vereinigung Schat-el-Arab genannt.

d. zum atlantischen Ocean.

14) Der Orontes. 15) Der Kisil Irmak oder Halys.

IV. Landseeen.

1) Der Baikal-See. 2) Der Balkasch-See. 3) Der Aral-See mit Amu und Syr. 4) Das kaspische Meer mit Terek und Kur mit dem Aras. 5) Das tote Meer mit dem Jordan. 6) Der Wan-See. 7) Der Urumia-See. 8) Der Lob-See.

V. Inseln.

a. im nördlichen Eismeere.

1) Neu-Sibirien.

b. im großen Ocean.

2) Die Kurilen. 3) Die japanischen Inseln (Nipon). 4) Formosa. 5) Hainan. 6) Die Philippinen. 7) Die großen Sunda-Inseln: a) Sumátra. b) Java. c. Bórneo. d. Celébes. 8) Die kleinen Sunda-Inseln. 9) Die Molukken oder Gewürz-Inseln.

c. im indischen Ocean.

10) Ceylon.

d. im atlantischen Ocean.

11) Cypern.

VI. Halbinseln.

a. im östlichen Asien.

1) Kamtschatka. 2) Korea.

b. im südlichen Asien.

3) Hinter-Indien mit der Halbinsel Maláka. 4) Vorder-Indien. 5) Arabien.

c. im westlichen Asien.

6) Kleinasien.

VII. Vorgebirge.

1) Im Osten das Ostkap. 2) Im Westen das Kap Baba. 3) Im Süden das Kap Buru. 4) im Norden das Kap Tscheljuskin.

VIII. Gebirge.

1) Das Altai-Gebirge. 2) Das sajanische Gebirge. 3) Das Jablonoi-Gebirge. 4) Das Stanowoi-Gebirge. 5) Der Chingan. 6) Der Tianschan. 7) Die Hochfläche Pamir. 8) Der Kuen-lun. 9) Die Karakorum-Kette. 10) Der Himálaya. (Der Everestberg oder der Gaurisankar, der höchste Berg der Erde, 8800 m hoch.) 11) Der Hindukusch. 12) Das Solimangebirge. 13) Das Elburs-Gebirge. 14) Das armenische Hochland. 15) Der Taurus und Antitaurus. 16) Der Libanon und Antilibanon. 17) Der Sinai.

IX. Tiefebenen.

1) Die sibirische. 2) Die turanische. 3) Die chinesische. 4) Die indische (Hindostan). 5) Die mesopotamische.

§ 6. Afrika.

I. Meerbusen.

a. im atlantischen Ocean.

1) Das mittelländische Meer mit den Busen von Gabes und Sydra. 2) Der Meerbusen von Guinea.

b. im indischen Ocean.

3) Das rote Meer oder der arabische Meerbusen.

II. Meerengen.

1) Die Straße von Gibraltar. 2) Der Suezkanal. 3) Die Straße von Bab-el-Mandeb. 4) Der Kanal von Mozambique, die größte Meerenge auf der Erde.

III. Flüsse.

a. ins mittelländische Meer.

1) Der Nil; Quellflüsse: a. Bahr el Asrak oder blauer Fluß, welcher in Abessinien entspringt; b. Bahr el Abiad oder weißer Fluß, welcher dem Ukeréwe-See (Viktoria-Njansa) entströmt.

b zum atlantischen Ocean.

2) Der Senegal. 3) Der Gambia. 4) Der Rio grande. 5) Der Niger. 6) Der Kongo. 7) Der Oránje.

c. zum indischen Ocean.

8) Der Sambési in den Kanal von Mozambique.

IV. Landseeen.

1) Der Tsad-See. 2) Der Mwutan-See (Albert-Njansa). 3) Der Ukeréwe-See (Viktoria-Njansa). 4) Der Tanganjika-See. 5) Der Bangweólo-See. 6) Der Njassa-See.

V. Inseln.

a. im atlantischen Ocean:

1) St. Helena. 2) Die kapverdischen Inseln. 3) Die kanarischen Inseln (Ferro und Tenerifa). 4) Madéira. 5) Die Azoren.

b. im indischen Ocean:

6) Sokótra. 7) Madagaskar (noch einmal so groß als das Königreich Preußen). 8) Die Maskarénen: a. Mauritius, b. Réunion.

VI. Vorgebirge.

1) Kap Blanco im Norden. 2) Das Nadel-Kap oder das Kap Agulhas im Süden. 3) Kap Verde im Westen. 4) Kap Guardasui im Osten.

VII. Gebirge.

Ganz Südafrika erscheint als ein einziges großes Hochland. Im Nordwest davon das Hochland von Hoch-Sudan, welches vom Kong durchzogen wird; im Nord-Ost das Alpenland von Abessinien. Zwischen beiden die Tiefebene von Central-Afrika, Flach-Sudan.

Nördlich von Hoch- und Flach Sudan, von dem atlantischen Meere bis Ägypten und Nubien, die Wüste Sáhara, 12 mal so groß als das deutsche Reich.

Im Nordwest von der Sáhara das Hochland der Berberei (der hohe Atlas und der kleine Atlas) und im Nord-Ost das Hochland von Barka.

Die Insel Madagaskar, ein großes Hochland, wird von 4000 m hohen Gebirgen durchzogen.

Auf der kanarischen Insel Tenerifa liegt der 4000 m hohe Vulkan Pico de Teyde.

§ 7. Amerika.

I. Meerbusen.

a. im nördlichen Eismeere.

1) Die Baffinbai.

b. im atlantischen Ocean.

2) Die Hudsonbai. 3) Der Lorenz-Meerbusen. 4) Der Meerbusen von Mexico. 5) Das karibische Meer.

c. im großen Ocean.

6) Der Meerbusen von Kalifornien. 7) Der Golf von Panamá an der Landenge von Panamá.

II. Meerengen.

1) Die Barrow-Straße. 2) Die Davis- (spr. Dewis)Straße. 3) Die Hudson-Straße. 4) Die Florida-Straße. 5) Die Magalhaens-Straße. 6) Die Bering-Straße.

III. Flüsse.

a. zum nördlichen Eismeere.

1) Der Mackénzie-Fluß, Abfluß des großen Sklaven-Sees.

b. zum atlantischen Ocean.

2) Der Nelsonfluß aus dem Winnipeg-See. 3) Der Lorenzfluß, Abfluß des Obern-, Michigan-, Huronen-, Erie- (spr. Ihri) und Ontario-Sees. 4) Die Küstenflüsse: Hudson, Delaware (wehr), Potómak und Jamesfluß (spr. Dschäms) durch die Vereinigten Staaten.

5) Der Mississippi-Missouri, 6500 km lang, durch die Vereinigten Staaten; Nebenflüsse rechts: Missouri, Arkansas und roter Fluß; Nebenflüsse links: Illinois, Ohio mit Tennessee. 6) Der Rio grande del Norte zwischen Mexico und den Vereinigten Staaten.

7) Der Magdalenenfluß. 8) Der Orinoco durch Venezuéla. 9) Die Küstenflüsse: Essequibo und Surinam.

10) Der Amazonenstrom, 5700 km lang, durch Perú und Brasilien; Nebenflüsse rechts: Ucayale, Madéira und Tocantins; links: Rigo negro. 11) Der San Francisco durch Brasilien 12) Der La Plata, in welchen sich vereinigt ergießen der Uruguay und der Paraná.

c. zum großen Ocean.

13) Der Columbia-Fluß oder Oregon. 14) Der Colorado.

IV. Seeen.

a. in Nordamerika.

1) Der große Bären-See. 2) Der große Sklaven-See. 3) Der große Winnipeg-See. 4) Der Obere-, Michigan-, Huronen-, Erie- und Ontario-See; zwischen den beiden letzteren der Niagara-Wasserfall.

b. in Südamerika.

5) Der Maracáibo-See. 6) Der Titicáca-See.

V. Inseln.

a. im nördlichen Eismeere.

1) Grönland 2) Baffinland.

b. im atlantischen Ocean.

3) Neufundland. 4) Die Bahama-Inseln (Guanahani oder San Salvadór). 5) Die großen Antillen: a. Cuba. b. Jamaica. c. Domingo oder Haïti. d. Puertorico. 6) Die kleinen Antillen. 7) Feuerland.

c. im großen Ocean.

8) Die Aleuten.

VI. Halbinseln.

1) Labrador. 2) Neu-Schottland. 3) Florida. 4) Yucatan. 5) Kalifornien. 6) Alaska.

VII. Vorgebirge.

1) Kap Murchison (Mörtschißn) im Norden. 2) Kap Hoorn im Süden. 3) Kap Prinz Wales im Westen. 4) Kap Branco im Osten.

VIII. Gebirge.

1. Folgende Gebirge durchziehen die Westküste von Amerika, vom Kap Hoorn bis zur Beringstraße:

1) Die Cordilleras de los Andes oder das Anden-Gebirge von Süd-Amerika bis zur Landenge von Panamá mit dem Aconcágua, 6800 m hoch, dem höchsten Berge Amerikas, und dem Chimborazo (Tschimborásso). 2) Das Gebirge von Mittel-Amerika bis zur Bai von Tehuantepéc. 3) Das Gebirge von Nord-Amerika: a. das Plateau von

Mejico oder von Anahuác, b. die Sierra-Nevada, c. das Cascaden-Gebirge, d. die nordamerikanischen Seealpen. e. die Rocky-Mountains (Mauntens) oder das Felsengebirge.

II. Die Gebirge von Brasilien.

III. Das Hochland von Guayana.

IV. Die Sierra-Nevada de Santa Marta.

V. Das Alleghany-Gebirge.

IX. Tiefebenen.

a. in Nordamerika.

1) Die arktische Ebene am nördlichen Eismeere und an der Hudsonbai. 2) Die Ebenen am Mississippi und Missouri.

b. in Südamerika.

3) Die Ebenen am Orinoco. 4) Die Ebenen am Amazonenstrom. 5) Die Pampas am La Plata.

§ 8. Australien.

I. Meerbusen.

1) Im N. der Carpentaria-Busen. 2) Im S. der Austral-Busen.

II. Meerengen.

1) Die Tarres-Straße im Norden. 2) Die Baß-Straße im Süden.

III. Flüsse.

Der Murray (spr. Mörreh): Nebenflüsse rechts Der Murrumbidgee (spr. bitschi) mit Lachlan und der Darling.

IV. Inseln.

1) Neu-Guinea im Norden. 2) Tasmania im Süden. 3) Neu-Seeland im Südosten.

V. Vorgebirge.

1) Kap York im Norden. 2) Kap Wilson im Süden. 3) Sandy-Kap (spr. ßendi) im Osten. 4) Steep Point (spr. Stihp Peunt) im Westen.

VI. Gebirge.

1) Die Australalpen. 2) Die blauen Berge.

VII. Tiefebenen.

Die ostaustralische Tierebene, vom Murray durchflossen.

Zweiter Teil.

§ 9. Europa.

(10,000,000 qkm, 351 Mill. Ew.)

Die Länder Europas.

a. Nord-Europa:

1) Skandinavien (Norwegen und Schweden). 2) Dänemark. 3) Großbritannien (England und Schottland) und Irland.

b. Ost-Europa.

4) Rußland.

c. Mittel-Europa.

5) Frankreich. 6) Belgien. 7) Das Königreich der Niederlande. 8) Deutschland. 9) Die Schweiz. 10) Östreich-Ungarn.

d. Süd-Europa.

11) Die Pyrenäen-Halbinsel (Spanien und Portugal). 12) Italien. 13) Die Balkan-Halbinsel.

1) Die Königreiche Norwegen und Schweden.

(775,000 qkm, 6¾ Mill. Ew.)

Vorgebirge: 1) Das Nord-Kap. 2. Das Kap Lindesnäs.

Gebirge: 1) Das norwegische Gebirge. 2) Das Kiölen-Gebirge. 3. Das lappländische Gebirge.

Flüsse: 1) Der Tornea mit Muonio. 2) Die Dal-Elf, beide in den bottnischen Meerbusen. 3) Die Göta-Elf in das Kattegat.

Tiefebene: Die schwedische Tiefebene.

Seeen: 1) Der Mälar-, 2) Der Wetter-, 3) Der Wener-See.

Städte: a. in Schweden: Stockholm am Mälar-See, Hptst., 230,000 Ew. 2) Upsála, Univ. 3) Göteborg. 4) Malmö. 5) Karlskrona. 6) Haparanda.

b. in Norwegen: 1) Christiania, Hptst., Univ. 2) Bergen, bedeutend durch den Fischhandel. 3) Throndhjem, Hafen. 4) Tromsö, auf einer Küsteninsel.

Inseln: 1) Öland. 2) Gotland, beide in der Ostsee. 3) Die Lofoten an der Nordwestküste.

2) Das Königreich Dänemark.

(140,000 qkm, 2 Mill. Ew.)

1) Die Halbinsel Jütland mit Aarhuus und Fredericia.

2) Die Inseln: a. Seeland, zwischen Sund und großem Belt, mit der Hptst. Kopenhagen am Sund, 380,000 Ew., Univ., und mit Helsingör. b. Fünen, zwischen dem großen und kleinen Belt. c. Laaland. d. Falster. e. Langeland. f. Bornholm. g. Die Faröer. h. Island mit dem Hekla. Hauptort Reykjavik.

3) Das Königreich Großbritannien und Irland.

(315,000 qkm, 38 Mill. Ew.)

Gebirge: a. in England: 1) Das Gebirge von Cornwall (wahl) im Nord-Osten von dem Kap Landsend. 2) Das Gebirge von Wales (Wähls). 3) Das Peak-Gebirge (Pihk). b. in Schottland: 4. Das Cheviot-Gebirge (Tschiwiot) auf der Grenze von England und Schottland. 5. Das Grampian-Gebirge (Grempien).

Flüsse: a. in England: 1) Die Themse. 2. Der Humber (Hömber), Mündung des Trent und der Ouse. 3) Die Severn (Séwwern).

b. in Schottland: 4) Clyde (Kleid). 5. Forth (Forß).

c. in Irland: 6) Der Shannon (Schännen).

Kanal in Schottland: Der kaledonische Kanal.

Städte: a. in England: 1) London, (Themse), 4,8 Mill. Ew., 3 mal so groß als Berlin, Hptst. des ganzen Reichs. 2) Windsor (Themse), königliche Residenz. 3) Oxford (Themse),

Univ. 4) Dover, Überfahrt nach Calais. 5) Bristol (Bristl) am Avon (Ewn). 6) Birmingham (Börminghäm). 7) Manchester (Mäntschestr), 600,000 Ew., 8) Liverpool (Mersey) 700,000 Ew.

b. in Schottland: 9) Edinburgh, Hptst., Univ. 10) Glasgow am Clyde (Kleid), 550,000 Ew., Univ. 11) Aberdeen (Äberdin), Univ.

c. in Irland: 12) Dublin (Döblin), Hptst., Univ. 13) Belfast. 14) Cork, Hauptstation der Auswandererschiffe.

Zum britischen Reiche gehören noch in Europa:

1) Die Hebriden, Orkney- und Shetlands-Inseln (zu Schottland).

2) Malta. 3) Gibraltar.

4) Das europäische Rußland.

(5,400,000 qkm, 92 Mill. Ew.).

Gebirge: 1) Der Ural. 2) Der Kaukasus. 3) Das taurische oder krimsche Gebirge. 4) Die Waldai-Höhe (mit den Quellen der Düna, des Dnjepr und der Wolga).

Tiefebene: Die sarmatische Tiefebene.

Flüsse: a. ins nördliche Eismeer: 1) Die Petschóra.

b. ins weiße Meer: 2) Die Dwina. 3) Die Onega.

c. in den finnischen Meerbusen: 4) Die Newa aus dem Ládoga See. 5) Die Narwa aus dem Peipus-See.

d. in den rigaischen Meerbusen: 6) Die Düna.

e. zur Ostsee: 7) Der Njemen. 8) Die Weichsel.

f. zum schwarzen Meere: 9) Der Pruth (in die Donau). 10) Der Dnjestr. 11) Der Dnjepr mit der Beresina.

g. in das asowsche Meer: 12) Der Don.

h. in das kaspische Meer: 13) Die Wolga. Nebenfl. rechts Oka mit der Moskwa; links; Kama.

Landseeen: 1) Das kaspische Meer. 2) Der Peipus-See. 3) Der Ládoga-See. 4) Der Onéga-See.

Städte. 1) Petersburg (Newa), Hptst. des Reichs, 950,000 Ew. 2) Moskau (Moskwa), 750,000 Ew., alte Hptst. 3) Smolensk (Dnjepr). 4) Kijew (Dnjepr). 5) Odessa, am schwarzen Meere. 6) Saratow (Wolga). 7) Astrachan (Wolga). 8) Warschau (Weichsel), 450,000 Ew., Hptst. des Königreichs Polen. 9) Kalisch. 10) Wilna. 11) Riga (Düna). 12) Helsingfors. 13) Archangelsk (Dwina).

5) Die Republik Frankreich.

(530 000 qkm, 38 Mill Ew.)

Gebirge: 1) Das Gebirge der Auvergne. 2) Die Sevennen. 3) Die West-Alpen. 4) Der französische Jura. 5) Der Wasgau. 6) Der Argonner Wald

Halbinsel: Die Bretagne.

Flüsse: a. in den Kanal (la Manche): 1) Die Somme. 2) Die Seine (Nebenfluß Marne).

b. in den biscayischen Meerbusen: 3) Die Loire (Nebenfluß Allier). 4) Die Garonne, nach der Mündung der Dordogne Gironde genannt.

c. in das mittelländische Meer 6) Der Rhone, auf der Grenze zwischen Frankreich und der Schweiz durch den Genfer-See. Nebenfluß rechts: Saone mit Doubs (spr. Duh). 7) Der Var

d. zur Nordsee: 8) Die Mosel (in den Rhein). 9) Die Maas 10) Die Schelde

Kanale. 1) Kanal du Midi. 2) Kanal du Centre. 3) Kanal von Burgund.

Städte: 1) Paris (Seine), 2⅓ Mill. Ew., Hauptst. des Reichs, Univ. 2) Versailles 3) Lyon (Saone und Rhone), 380,000 Ew. 4) Marseille 380,000 Ew. 5) Toulon. 6) Toulouse (Garonne). 7) Bordeaux (Garonne). 8) Nantes (Loire). 9) Orleans (Loire). 10) Rouen (Seine) 11) Lille. 12) Sedan (Maas). Schlacht und Kapitulation am 1. und 2. Sept. 1870.

Zu Frankreich gehört noch in Europa. Die Insel Corsica mit Ajaccio Geburtsort Napoleons I.

6) Das Königreich Belgien

(30,000 qkm, 6 Mill. Ew.)

Gebirge: Die Ardennen.

2) Flüsse: zur Nordsee: 1) Die Schelde. 2. Die Maas mit Sambre.

Städte: 1. Brüssel, Hptst., 475,000 Ew. Belle-Alliance und Waterloo südlich von Brüssel. 2) Löwen. 3) Antwerpen (Schelde). 4) Gent (Schelde und Lys). 5) Lüttich (Maas).

7) Das Königreich der Niederlande oder Holland.

(Mit dem Großherzogtum Luxemburg 33,000 qkm, 4,5 Mill. Ew.)

Flüsse: 1) Der Rhein; Mündungsarme: Ijssel (Eißel), Waal, Lek und alter Rhein; 2) Die Maas.

Städte: 1) Amsterdam an der Zuider-See (Seuder), Hptst., 400,000 Ew. 2) Rotterdam (Maas). 3) Haag. 4) Leyden (Rhein). 5) Utrecht (Rhein). 6) Nimwegen (Waal). 7) Luxemburg, ehemals deutsche Bundesfestung, 1867 geschleift.

8) Das deutsche Kaiserreich.

(541,000 qkm, 49,4 Mill. Ew.)

I. Gebirge.

A. In Norddeutschland.

1) Die niederrheinischen Gebirge zu beiden Seiten des Rheins.

a. im Westen: Der Hunsrück (auf der Grenze von Nord- und Süddeutschland), die Eifel, das hohe Veen.

b. im Osten: Der Taunus, der Westerwald, das Sauerland.

2) Der Spessart (auf der Grenze von Nord- und Süddeutschland). 3) Die Rhön. 4) Die Wesergebirge mit dem Teutoburgerwalde. 5) Der Frankenwald. 6) Der Thüringerwald. 7) Der Harz (Brocken). 8) Das Fichtelgebirge (auf der Grenze von Nord- und Süddeutschland). 9) Das Erzgebirge.

10) Die Sudeten: a. Das Elbsandsteingebirge oder die sächsische Schweiz. b. Das Lausitzer Gebirge. c. Das Isergebirge. d. Das Riesengebirge (Schneekoppe 1600 m) mit den Quellen der Elbe. e. Das Waldenburger Mittelgebirge. f. Das Glatzer Gebirge. g. Das mährische Gesenke mit den Quellen der Oder.

B. In Süddeutschland.

1) Der Wasgau. 2) Der Schwarzwald. 3) Der Odenwald. 4) Der deutsche Jura: a. die rauhe Alp, b. der fränkische Jura. 5) Der Böhmerwald.

II. Flüsse.

A. In Norddeutschland.

a. Zur Ostsee.

1) Der Njemen oder die Memel ins kurische Haff.

2) Der Pregel
3) Die Passarge } ins frische Haff.

4) Die Weichsel; Mündungsarme: Nogat und alte Weichsel zum frischen Haff, Danziger und neue Weichsel ins Meer; Nebenflüsse rechts: Bug; links: Brahe.

5) Die Küstenflüsse: Stolpe, Wipper, Persante, Rega.

6) Die Oder ins Stettiner Haff; Mündungsarme: Peene, Swine, Diwenow; Nebenflüsse rechts: Die Warthe mit der Netze und die Ihna; links Oppa, Glatzer Neiße, Weistritz, Katzbach, Bober, Görlitzer Neiße, Ucker und Peene.

7) Die Trave.

b. Zur Nordsee.

8) Die Eider.

9) Die Elbe, 1150 km lang; Nebenflüsse rechts: Die schwarze Elster, die Havel mit der Spree; links: Die Eger, die Mulde (Zwickauer und Freiberger Mulde), die Saale (rechts mit der weißen Elster links mit der Ilm, Unstrut und Bode), die Ilmenau.

10) Die Weser. Quellströme rechts: Werra; links: Fulda; Nebenflüsse rechts: Die Aller mit der Ocker und Leine; links: Die Diemel, Hunte.

11) Die Ems mit der Haase in den Dollart.

12) Der Rhein, 1200 km lang; Nebenflüsse rechts: Main (auf der Grenze von Nord- und Süddeutschland), Lahn, Sieg, Wupper, Ruhr, Lippe; links: Mosel mit Meurthe und Saar.

B. In Süddeutschland.

1) Der Rhein, auf der Grenze von Deutschland und der

Schweiz durch den Boden-See (der Wasserfall bei Schaffhausen) Nebenflüsse rechts: Neckar, Main; links: Ill, Nahe, Mosel.

c. Zum schwarzen Meere:

2) Die Donau, 2800 km lang; Nebenflüsse rechts: Iller. Lech, Isar, Inn mit Salzach; links: Altmühl, Naab, Regen.

III. Kanäle.

A In Norddeutschland.

1) Der Eider-Kanal zwischen Eider und Ostsee.

2) Der Finow-Kanal zwischen Oder und Havel.

3) Der Friedrich-Wilhelms- oder Müllroser-Kanal zwischen Oder und Spree.

4) Der Bromberger Kanal zwischen Brahe und Netze.

B. In Süddeutschland.

5) Der Ludwigs-Kanal zwischen Altmühl und Main (Regnitz).

IV. Inseln.

1) In der Nordsee: Norderney, Helgoland. 2) In der Ostsee: Alsen, Rügen.

V. Landseeen.

1) Der Schweriner See } in Mecklenburg.
2) Der Müritz-See }

3) Der Ammer-, Würm- und Chiem-See in Bayern.

4) Der Boden-See.

VI. Die Staaten des deutschen Reichs.

Das deutsche Reich besteht aus 26 Staaten:

a. 4 Königreiche:

1) Preußen, 2) Bayern, 3) Sachsen, 4) Württemberg.

b. 6 Großherzogtümer:

1) Baden, 2) Hessen, 3) Oldenburg, 4) Sachsen-Weimar-Eisenach, 5) Mecklenburg-Schwerin, 6) Mecklenburg-Strelitz.

c. 5 Herzogtümer:

1) Anhalt, 2) Braunschweig, 3) Sachsen-Altenburg, 4) Sachsen-Coburg-Gotha, 5) Sachsen-Meiningen-Hildburghausen.

d. 7 Fürstentümer:

1) Schwarzburg-Rudolstadt 2) Schwarzburg-Sondershausen, 3) Reuß ältere Linie, 4) Reuß jüngere Linie, 5) Lippe, 6) Schaumburg-Lippe, 7) Waldeck.

e. 3 freie Städte:

1) Hamburg, 2) Lübeck, 3) Bremen.

f. 1 Reichsland:

Elsaß-Lothringen.

1) Das Königreich Preußen.

(348,000 qkm, 30 Mill. Ew.)

Es ist in 12 Provinzen eingeteilt, und diese wieder in Regierungsbezirke, welche ihren Namen vom Hauptorte entlehnen.

1) Ostpreußen.

(37,000 qkm, 2 Mill. Ew.)

Die größten Seeen im S. O. sind der Mauer- und der Spirding-See. — Die bedeutendsten Flüsse: Die untere Memel, der Pregel und die Passarge. Zwischen dem kurischen und frischen Haff die Halbinsel Samland.

Ostpreußen hat zwei Regierungsbezirke:

1) Königsberg (Pregel), 162,000 Ew., Hptst., Festung, Univ. Grab des Philosophen Kant.

Braunsberg (Passarge), Friedland und Preußisch-Eylau, Schlachten 1807. Allenstein. Tannenberg, Schlacht 1410. Memel am Memeler Tief.

2) Gumbinnen. Im O. Trakehnen, das Hauptgestüt des Staates. Insterburg. Tilsit (Memel), Friede 1807. Lyck.

2) Westpreußen.

(25,000 qkm, 1,400,000 Ew.).

Unteres Weichselgebiet. Elbingfluß. Frisches Haff.

Westpreußen hat zwei Regierungsbezirke:

1) Danzig (Weichsel), 120,000 Ew., Festg. Bedeutende Seehandelsstadt. Die Marienkirche. Der Hafen Neufahr-

wasser und das Fort Weichselmünde. Im N. W. das Kloster Oliva, Friede 1660.

Dirschau (Weichsel), lange Eisenbahnbrücke. — Marienburg (Nogat), Schloß der Hochmeister. — Elbing (Elbing). Oberländischer Kanal.

2) Marienwerder.

Graudenz (Weichsel), früher eine Festung, welche im Jahre 1807 tapfer verteidigt wurde. Thorn (Weichsel), Festung. Pfefferkuchenfabrikation.

3) Posen.

(29,000 qkm, fast so groß als Belgien, 1,750,000 Ew.).

Gewässer. Unter den Seeen ist der Goplosee der bedeutendste. — Von den Flüssen, welche meist zum Stromgebiet der Oder gehören, ist die Warthe der größte; diese kommt von dem nördlichen Vorlande der Karpathen und fließt bei Küstrin in die Oder; der größte Nebenfluß der Warthe ist rechts die Netze (mündet in der Nähe von Landsberg). Nebenflüsse links: Die Prosna und die Obra (mündet bei Schwerin). Außerdem sind zu erwähnen: Die Bartsch, welche oberhalb Glogau in die Oder fließt, und die Brahe; diese mündet östlich von Bromberg in die Weichsel, welche im N. O. als Grenzfluß die Provinz berührt. (Der Bromberger Kanal, von Friedrich dem Großen 1773 und 74 angelegt, verbindet die Brahe mit der Netze, also die Weichsel mit der Oder.)

1) Regierungsbezirk Posen (28 Kreise), Gebiet der Warthe, mit Posen (Warthe), 70,000 Ew., Festg., Sitz des Oberpräsidenten, des kommandierenden Generals, des Erzbischofs von Gnesen und Posen u. a. m.

Rawitsch, 10,000 Ew., Lissa, 15,000 Ew., Fraustadt, Krotoschin, Ostrowo, Kempen, Kosten, Schwerin (Obra und Warthe).

2) Regierungsbezirk Bromberg (14 Kreise), Gebiet der Netze, mit Bromberg an der Brahe und am Bromberger Kanal, 40,000 Ew., lebhafter Handel, Denkmal Friedrichs des Großen. Im O. Fordon (Weichsel).

Gnesen, 20,000 Ew., Sitz eines Dom-Kapitels, die Kathedrale mit dem Grabmal des heiligen Adalbert.

Schneidemühl (Küddow), 15,000 Ew., Nakel (Netze und Bromberger Kanal), Inowrazlaw, 15,000 Ew., mit einem Salzwerke.

4) Pommern.

(30,000 qkm, 1½ Mill. Ew.).

Unteres Odergebiet. Außerdem die Flüsse: Stolpe, Wipper, Persante, Rega, Ucker, Ihna und Peene.

Pommern wird durch die Oder in die beiden Hauptteile: Vorpommern (links) und Hinterpommern (rechts) geteilt. Es hat 3 Regierungsbezirke.

1) Stettin (Oder), Hptst., 115,000 Ew. Der Seehafen Stettins ist Swinemünde. Außerdem ist zu bemerken: Stargard (Ihna) und Anklam (Peene)

2) Stralsund, einst vergeblich durch Wallenstein belagert, hier kämpfte und fiel der tapfere Schill. Greifswald, Universität.

Die Insel Rügen mit der Hptst. Bergen. Im O. die Stubbenkammer (180 m hohe, nach dem Meere fast senkrecht abfallende Kreidefelsen); im N. das Vorgebirge Arkona.

3) Köslin (am Gollenberge). Kolberg (Persante), verteidigt durch Nettelbeck und Gneisenau; Seebad. Stolp (Stolpe).

5) Schlesien.

(40,000 qkm, 4,2 Mill. Ew., größer als Holland).

Das Glatzer-, Waldenburger-, Riesen- und Isergebirge.

Die Oder, links mit Oppa, Glatzer Neiße, Weistritz, Katzbach, Bober und Görlitzer Neiße, rechts mit der Bartsch.

Schlesien hat drei Regierungsbezirke:

1) Breslau (Oder und Ohlau), 335,000 Ew., Hptst., Univ.; Sitz des Fürstbischofs. Nordwestlich Leuthen, Schlacht 1757. Südwestlich der Zobten.

Schweidnitz (Weistritz). Striegau; in der Nähe Hohenfriedberg, Schlacht 1745. Brieg (Oder); im W. Mollwitz,

Schlacht 1741. Glatz (Neiße), in der Grafschaft Glatz. Die Bäder Landeck, Reinerz. — Rechts von der Oder: Öls.

2) Liegnitz (Katzbach). Nicht weit davon Wahlstatt. Glogau (Oder), Festung. Grünberg, berühmt durch seinen Weinbau. Görlitz (Neiße). Bunzlau (Bober), Hirschberg (Bober). Im Hirschberger Thal: Warmbrunn, Hermsdorf unter dem Kynast.

3) Oppeln (Oder). Ebenfalls an der Oder: Ratibor und Kosel. Rechts von der Oder: Kattowitz, Gleiwitz Beuthen Pleß. Links von der Oder: Neiße (Neiße).

6) Die Mark Brandenburg.

(40,000 qkm, fast so groß als die Schweiz, 4,1 Mill. Ew.)

Der Spreewald zwischen Kottbus und Lübben.

Die Oder, links mit Bober und Neiße, rechts mit Warthe und Netze.

Die Elbe mit Havel und Spree. — Der Müllroser- und der Finow-Kanal.

Brandenburg hat drei Regierungsbezirke:

1) Berlin (Spree), 1,600,000 Ew., Hptst. des Königreichs, erste Residenz des Königs. Univ.

2) Potsdam (Havel), zweite Residenz. In der Garnisonkirche Friedrichs des Großen Gruft. In der Nähe Sanssouci. — Charlottenburg, Schloß und Mausoleum. — Spandau (Spree und Havel), Festung. Großbeeren, Schlacht 1813. Südlich Dennewitz, Schlacht 1813. Im W. Brandenburg (Havel). Nördlich Neu-Ruppin; südlich davon Fehrbellin, Schlacht 1675.

3) Frankfurt (Oder). In der Nähe Kunersdorf, Schlacht 1759. Küstrin (Oder und Warthe). Im Norden Zorndorf, Friedrichs Sieg über die Russen 1758. — Landsberg (Warthe). Guben (Neiße). Kottbus (Spree).

7) Sachsen.

(25,000 qkm, 2,6 Mill. Ew.)

Im W. der Harz und im S. W. der Thüringerwald.

Die Elbe, rechts schwarze Elster, links Mulde, Saale mit der weißen Elster und Bode.

Sachsen hat drei Regierungsbezirke:

1) Magdeburg (Elbe), 200,000 Ew., Festg. — Burg. Stendal in der Altmark. Aschersleben. Quedlinburg, Geburtsort Klopstocks; in der Schloßkirche das Grab Heinrichs des Ersten. Halberstadt. Wernigerode.

2) Merseburg (Saale). Naumburg (Saale). Zwischen Naumburg und Merseburg liegt Roßbach, wo Friedrich der Große 1757 über die Franzosen siegte; im S. O. von Merseburg das Schlachtfeld von Lützen.

Torgau (Festg.) und Wittenberg, beide an der Elbe. Halle (Saale), Univ., die Stiftungen des frommen A. H. Francke. Eisleben; Luther hier am 10. November 1483 geboren und am 18. Februar 1546 gestorben.

3) Erfurt. Langensalza, Gefecht 1866 zwischen den Preußen und Hannoveranern. Mühlhausen. Nordhausen. Im S. W. Schleusingen und Suhl, berühmt durch Gewehr- und Stahlwaaren-Fabriken.

8) Westfalen.

(20,000 qkm, 2,4 Mill. Ew.)

Das sauerländische Gebirge, der Teutoburgerwald und die Wesergebirge.

Die Weser. Die Ems. Die Nebenflüsse des Rhein: Lippe, Ruhr, Sieg.

Westfalen hat 3 Regierungsbezirke:

1) Münster, katholische Univ. Die Wiedertäufer 1535. Westfälischer Friede 1648.

2) Minden (Weser). Porta Westphalica. Sieg über die Franzosen 1759. — Bielefeld und Herford, berühmt durch den Leinwandhandel. Paderborn, Bischofssitz. Höxter (Weser).

3) Arnsberg (Ruhr). Iserlohn, Hagen, Dortmund, Hamm (Lippe), Soest (spr. Sohst), und Siegen (Sieg).

9) Die Rheinprovinz.

(27,000 qkm, 4,7 Mill. Ew.)

Rechts vom Rhein: Das sauerländische Gebirge und der Westerwald, links: Das hohe Veen, die Eifel und der Hunsrück.

Flüsse: Der Rhein; rechts mit Lahn, Sieg, Wupper, Ruhr, Lippe; links: Mosel mit Saar.

Die Rheinprovinz hat 5 Regierungsbezirke:

1) Koblenz (am Zusammenfluß von Mosel und Rhein, Confluentes), Hptst., bildet mit dem gegenüberliegenden Ehrenbreitstein eine Hauptfestung. — Rense (Rhein) mit dem Königsstuhl. Wetzlar (Lahn), ehemaliges Reichskammergericht.

2) Trier (Mosel), das alte Augusta Treverorum der Römer. Saarbrücken (Saar). In der Nähe Spicheren, Gefecht am 6. August 1870.

3) Köln (Rhein), 280,000 Ew., Festg., durch eine Eisenbrücke mit dem gegenüberliegenden befestigten Deutz verbunden; schon zur Zeit der Römer als Colonia Agrippina bedeutend. Der Dom. — Mühlheim (Rhein). Bonn (Rhein), Univ., Geburtsort Beethovens.

4) Aachen, 105,000 Ew., Karls des Großen Grab im ehrwürdigen Münster. Schwefelquellen. — Jülich.

5) Düsseldorf (Rhein), 145,000 Ew., Kunstakademie und Malerschule. Im Wupperthale: Elberfeld (125,000 Ew.) und Barmen (115,000 Ew.). Solingen, Eisen- und Stahlwaarenfabrikation. München-Gladbach. Krefeld. Wesel (Rhein und Lippe), Festung.

Unter der Oberaufsicht des Oberpräsidiums der Rheinprovinz stehen außerdem die Fürstentümer Hohenzollern-Hechingen und -Sigmaringen, zwischen Neckar und Donau, mit der Burg Hohenzollern.

10) Schleswig-Holstein.

(19,000 qkm, 1,2 Mill. Ew.)

Die Elbe, die Eider und der Eiderkanal.

Die Provinz umfaßt die Herzogtümer Schleswig, Holstein und Lauenburg. Sie hat nur einen Regierungsbezirk: Schleswig.

Im Herzogtum Schleswig: Schleswig am Schleibusen, Hptst. — Eckernförde. Flensburg. Im N.-O. davon die Düppler Schanzen, erstürmt am 18 April 1864; gegenüber von diesen die Insel Alsen, 2 Monate später erobert. — Hadersleben.

An der Westküste von Schleswig die Insel Sylt.

Im Herzogtum Holstein: Kiel, Kriegshafen an der Ostsee, Univ. — Rendsburg am Eiderkanal. Itzehoe. Glückstadt (Elbe). Wandsbeck. Altona (Elbe), nahe bei Hamburg.

Im Herzogtum Lauenburg: Lauenburg (Elbe) und Ratzeburg.

11) **Hannover,** vormaliges Königreich.

(38,000 qkm, 2,3 Mill. Ew.)

Der Teutoburgerwald, die Wesergebirge, der Harz. — Die Lüneburger Heide.

Die Elbe mit Ilmenau; die Weser, Quellströme: Werra und Fulda; Nebenflüsse rechts: Aller mit der Ocker und Leine; links: Hunte; die Ems mit der Haase. — Das Steinhuder Meer.

Die Provinz wird eingeteilt in 6 nach den Hauptstädten benannte Regierungsbezirke:

1) Hannover (Leine), 163,000 Ew., Hptst. Hameln. (Weser), Sage vom Rattenfänger.

2) Lüneburg (Ilmenau) und Celle (Aller); zwischen beiden Städten die Lüneburger Heide. Harburg (Elbe), gegenüber von Hamburg.

3) Stade. Verden (Aller), Blutbad 782

4) Aurich. Emden. Das Jadegebiet mit Wilhelmshaven am Jadebusen, Kriegshafen.

5) Osnabrück (Haase). Westfälischer Friede 1648.

6) Hildesheim (Innerste). Goslar, früher Reichsstadt. — Im Süden der Provinz: Göttingen (Leine), Univ. Münden, am Zusammenfluß der Werra und Fulda. Auf dem Harz. Klausthal.

Zur Provinz Hannover gehören die Inseln: Norderney und Borkum.

12) Hessen-Nassau.

(16,000 qkm, 1,7 Mill. Ew.)

Der Taunus, der Westerwald, die Rhön und der Thüringerwald.

Der Rhein mit Main und Lahn. Die Weser; die Quellströme: Werra und Fulda; Nebenfluß: Diemel.

Die Provinz umfaßt das frühere Kurfürstentum Hessen-Kassel und das frühere Herzogtum Nassau; sie hat zwei Regierungsbezirke:

1) Kassel (Fulda), 70,000 Ew., Hptst. Im W. das Schloß Wilhelmshöhe und der Habichtswald mit der Statue des Hercules.

Karlshafen am Zusammenfluß der Weser und Diemel. — Marburg (Lahn), Univ. Fulda (Fulda); im Dom die Gruft des heiligen Bonifacius, „des Apostels der Deutschen". Im S. Hanau (Main), Schlacht 1813.

Getrennt vom Hauptlande: Im N. Rinteln (Weser) und im S. O. Schmalkalden, Bund der protestantischen Fürsten gegen Karl V. 1531.

2) Wiesbaden, am südlichen Abhange des Taunus, Bad. Außerdem die Bäder Schwalbach, Schlangenbad, Soden, Ems und die Weinorte Johannisberg, Hochheim, Aßmannshausen, Rüdesheim u. a. — Kaub (Rhein).

Frankfurt (Main, 180,000 Ew.), Geburtsort Goethes, Friedensschluß 1871. Homburg „vor der Höhe".

2) Das Königreich Bayern.

(76,000 qkm, 5,6 Mill. Ew.)

Die Haardt, der Spessart, die Rhön, der Frankenwald, das Fichtelgebirge, der Böhmerwald, der bayerische Wald, die bayerischen Alpen, der deutsche Jura, der Steigerwald.

Die Donau rechts mit Iller, Lech, Isar, Inn mit Salzach, links mit Altmühl, Naab, Regen.

Der Rhein rechts mit Main mit der fränkischen Saale.

Der Ludwigskanal verbindet die Altmühl mit der Regnitz, also die Donau mit dem Rhein, das schwarze Meer mit der Nordsee. — Im S. W. de. Boden-See, im S. O. der Chiem-, Würm- oder Starnberger- und Ammer-See.

Einteilung.

Das Königreich zerfällt in 8 Kreise:

1) Ober-Bayern im S. O.:

München (Isar), 345,000 Ew., Hptst. des Reiches, von Heinrich dem Löwen gegründet, Univ. Viele Prachtbauten.

Berchtesgaden, am Fuße des Watzmann, Reichenhall, Traunstein, Mühldorf (Inn), Schlacht 1322, Ingolstadt (Donau), Fstg.

2) Schwaben und Neuburg im S. W.:

Augsburg (Lech), Augusta Vindelicorum, berühmt durch den Reichstag von 1530 und durch den Religionsfrieden von 1555. Südlich von Augsburg, auf dem Lechfelde, schlug Otto I. 955 die Ungarn.

Höchstädt (Donau), Schlacht 1704. Nördlingen, Schlacht 1634. Auf einer Insel des Boden-Sees liegt Lindau.

3) Nieder-Bayern im O.:

Landshut (Isar). Passau (Donau, Inn, Ilz); Passauer Vertrag im J. 1552.

Ober-Pfalz und Regensburg im N. O.:

Regensburg (Regen und Donau), Dom. In der Nähe der Marmortempel der Walhalla.

5) Mittel-Franken, in der Mitte des Hauptlandes:

Nürnberg (Pegnitz), 142,000 Ew. besonders am Ende des Mittelalters durch Handel und Pflege der Kunst und Wissenschaften ausgezeichnet. (Der Maler Albrecht Dürer und der Meistersänger Hans Sachs). — Fürth (Rednitz und Pegnitz).

Ansbach. In der Nähe Eschenbach, der Geburtsort des Dichters Wolfram von Eschenbach. — Erlangen (Regnitz), Univ.

6) Ober-Franken im N. O.:

Bayreuth (am roten Main).

Bamberg (Regnitz). In dem Dom ruht Kaiser Heinrich II. und seine Gemahlin Kunigunde.

Hof (Saale). Wunsiedel, im Fichtelgebirge, Geburtsort Jean Pauls.

7) Unter-Franken und Aschaffenburg im N. W.:

Würzburg (Main), Univ. Aschaffenburg (Main). Schweinfurt (Main), Geburtsort des Dichters Friedrich Rückert. Kissingen (fränk. Saale), Bad. Gefecht 1866.

8) Die Rhein-Pfalz, von dem Hauptlande getrennt, im N. W.:

Speyer (Rhein). Im prächtigen Dome die Gräber vieler deutscher Kaiser und Kaiserinnen.

Landau; westlich davon die Burg Trifels. Zweibrücken. Neustadt an der Haardt. Kaiserslautern, südlich vom Donnersberge.

3) Das Königreich Sachsen.

(15,000 qkm, 3,5 Mill. Ew.)

Das Elbsandsteingebirge oder die sächsische Schweiz mit dem großen Winterberg und die nördliche Abdachung des Erzgebirges und des Lausitzergebirges.

Die Elbe, schwarze Elster, Spree, weiße Elster, Pleiße, Mulde (Zwickauer und Freiberger Mulde).

Zur Oder: Die Görlitzer Neiße.

Einteilung.

Sachsen wird in 4 Kreishauptmannschaften geteilt:

1) Kreishauptmannschaft Dresden:

Dresden (Elbe), 275,000 Ew., Hauptstadt des Königreichs, ausgezeichnet durch Kunst- und Bauwerke („das deutsche Florenz"). Schlacht 1813. In der Nähe das königliche Schloß Pillnitz, Kesselsdorf, Schlacht 1745, und Pirna, Kapitulation der Sachsen 1756.

In der sächsischen Schweiz die Bastei, Festung Königstein, gegenüber der Lilienstein, das Städtchen Schandau.

Meißen (Elbe), bekannt durch sein Porzellan. Freiberg (Fr. Mulde), Bergakademie.

2) Kreishauptmannschaft Leipzig:

Leipzig an dem Zusammenfluß der weißen Elster, Pleiße und Parthe, 295,000 Ew., Univ., Sitz des Reichsgerichts, Mittelpunkt des Handels, besonders des deutschen Buchhandels.

In der näheren und entfernteren Umgebung Leipzigs sind

wichtige Schlachten geschlagen: 1631 bei Breitenfeld, 1632 bei Lützen, 1813 bei Groß Görschen, Lützen und rings um Leipzig.

Grimma (Mulde). In der Nähe das Schloß Hubertsburg, Friede 1763.

3) Kreishauptmannschaft Zwickau:

Zwickau (Zw. Mulde). Steinkohlenwerke.

Die bedeutenden Fabrikstädte. Chemnitz (140,000 Ew.), Meerane, Reichenbach, Plauen (w. Elster), Annaberg.

4) Kreishauptmannschaft Bautzen (die sächsische Oberlausitz):

Bautzen (Spree), die frühere Hauptstadt der Oberlausitz Schlacht 1813. Im N. W. von Bautzen: Kamenz, Geburtsort Lessings, im S. O.: Hochkirch, Überfall 1758.

Zittau (Neiße), ausgezeichnet durch Linnenindustrie. In der Nähe der Oybin (sp Eubin) Herrnhut, Hauptsitz der evangelischen Brüdergemeinde.

4) Das Königreich Württemberg.

(19,500 qkm, 2 Mill. Ew.)

Die rauhe Alp (der schwäbische Jura) und der Schwarzwald.

Die Donau mit der Iller, der Neckar links mit der Enz, rechts mit dem Kocher und der Jagst, die Tauber (Nebenfluß des Main). Im S. der Boden-See.

Das Königreich wird in 4 Kreise eingeteilt:

1) Der Neckarkreis. Stuttgart (Nesenbach), 140,000 Ew., Hauptst. Ausgedehnter Buchhandel. Nördlich von Stutlgart: Ludwigsburg (Neckar), „das württembergische Potsdam". In der Nähe die ehemalige Festung Hohenasperg, jetzt Staatsgefängnis: hier saß einst der Dichter Schubart. — Am Neckar liegen Eßlingen, Cannstadt Marbach, Geburtsort Schillers, und Heilbronn. — Weinsberg. Schlacht 1140 (Sage von der Treue der Weiber von Weinsberg).

2) Der Schwarzwaldkreis Reutlingen. Nicht weit davon die alten Burgen Achalm und Lichtenstein.

Tübingen (Neckar), Univ. Geburtsort Uhlands. Im Schwarzwald an der Enz liegt Wildbad („der Überfall im Wildbad").

3) Der Jagstkreis: Ellwangen (Jagst). Ferner die Städte Gmünd, Schwäbisch-Hall (Kocher), Mergentheim (Tauber), einst Sitz des deutschen Ordens.

4) Der Donaukreis: Ulm (Iller und Donau), Fstg. Berühmt durch das gotische Münster. Im N. W. Göppingen In der Nähe der Hohenstaufen. Außerdem ist zu bemerken: Biberach; in Oberholzheim bei Biberach wurde Wieland geboren Am Boden-See liegt Friedrichshafen.

5) Das Großherzogtum Baden.

(15,000 qkm, 1,6 Mill. Ew.)

Der Schwarzwald und der Odenwald.

Das Quellgebiet der Donau.

Der Rhein mit Kinzig, Murg, Neckar mit der Enz, Main mit der Tauber. Im S. O. der Boden-See.

Das Land zerfällt in 11 nach Städten benannte Kreise. Die hauptsächlichsten Städte in denselben sind:

Karlsruhe, 73,000 Ew., Hptst. Pforzheim (Enz). Rastatt (Murg), Fstg. Baden-Baden, im Schwarzwalde, berühmte Heilquellen. Kehl (Mündung der Kinzig), gegenüber von Straßburg Freiburg im Breisgau, katholische Univ. Constanz (Boden-See), Konzil 1414—18.

Im N. von Karlsruhe: Bruchsal. Heidelberg (Neckar), evangelische Univ. Mannheim, an der Mündung des Neckar, lebhafter Handel.

6) Das Großherzogtum Hessen.

(7600 qkm, fast 1 Mill. Ew.)

Der Odenwald und der Vogelsberg.

Der Rhein rechts mit Neckar, Main mit Nidda, Lahn, links mit Nahe.

1) Provinz Starkenburg: Darmstadt, Hptst. Offenbach (Main), Fabrikstadt. Wimpfen (Neckar), vom Hauptlande getrennt.

2) Rhein-Hessen: Mainz (am linken Ufer des Rheins, an der Mündung des Mains), starke Festung. Das Denkmal Gutenbergs. Durch eine Schiffbrücke ist Mainz mit dem auf dem rechten Rheinufer liegenden befestigten Kästel verbunden.

Bingen (Mündung der Nahe). Mäuseturm. Oppenheim (Rhein).

Worms (l. Rhein). Reichstag 1521. Das herrliche Lutherdenkmal.

3) Ober-Hessen: Gießen (Lahn), Univ.

7) Das Großherzogtum Oldenburg.

(6400 qkm, 355,000 Ew.)

Im südlichen Teile der Hunsrück.

Die Nahe und die Weser mit der Hunte.

Das Land besteht aus 3 nicht zusammenhängenden Teilen:

1) Das Herzogtum Oldenburg· Oldenburg (Hunte), Hptst. Außerdem Jever und Brake (Weser). Die Insel Wangeroog.

2) Das Fürstentum Lübeck mit Eutin.

3) Das Fürstentum Birkenfeld, von der Rheinprovinz umschlossen, mit Birkenfeld.

8) Das Großherzogtum Sachsen-Weimar-Eisenach.

(3600 qkm, 315,000 Ew.)

Der Thüringerwald.

Die Saale mit der Ilm, Unstrut und der weißen Elster und die Werra.

Weimar (Ilm). Hier lebten und starben Herder, Wieland, Schiller, Goethe. — Jena (Saale), Univ., Schlacht 1806. Apolda. Ilmenau (Ilm). Eisenach Darüber erhebt sich die Wartburg.

9) Das Großherzogtum Mecklenburg-Schwerin.

(13,300 qkm, 580,000 Ew.)

Das Land wird in S. W. zum Teil von der Elbe berührt, sonst wird es nur von kleineren Küstenflüssen durchzogen.

Der Schweriner- und Müritz-See.

Schwerin, Hptst., am Schweriner-See, Schloß, Dom. Südlich Ludwigslust, die zweite Residenz. Zwischen Schwerin und Ludwigslust das Dorf Wöbbelin mit dem Grabe Theodor Körners, der in der Nähe von Gadebusch 1813 fiel. Im S. O. von Schwerin liegt Parchim, Geburtsort Moltkes. Im Innern des Landes: Güstrow.

Im N. Rostock (Warnow), Univ., Geburtsort Bluchers. Warnemünde, Hafen von Rostock und Seebad. Im S. W. von Rostock: Wismar, Seestadt.

10) Das Großherzogtum Mecklenburg-Strelitz.

(2900 qkm, 100,000 Ew.)

Neustrelitz, Residenz. Im N. O. Neubrandenburg. Zwischen diesen beiden Städten liegt das Schloß Hohenzieritz, in welchem die Königin Luise 1810 starb.

Im nordwestlichen Gebiet, welches durch Mecklenburg-Schwerin von dem Hauptlande getrennt ist, liegt Ratzeburg, von dem aber nur ein kleiner Teil dem Großherzog gehört.

11) Das Herzogtum Anhalt.

(2350 qkm, 250,000 Ew.)

Der Harz.

Die Elbe, die Mulde und die Saale mit der Bode (Selke).

Dessau (Mulde), Residenz. Außerdem die Städte: Köthen. Bernburg (Saale), Zerbst. Am Unterharz Ballenstädt. Im lieblichen Selkethale: Die Ruinen der Stammburg Anhalt, ferner Mägdesprung, Alexisbad und die Viktorshöhe.

12) Das Herzogtum Braunschweig.

(3700 qkm, 400,000 Ew.)

Der Harz.

Die Weser mit Aller, Ocker, Leine; im Harzdistrikt die Bode.

Das Land besteht aus fünf getrennten Teilen. Die drei größeren sind:

1) Das Hauptland Braunschweig (Ocker), 100,000 Ew. Im Dom ruht Heinrich der Löwe. Denkmal Lessings, der hier 1781 starb. — Wolfenbüttel (Ocker). Große Bibliothek, der einst Lessing vorstand. Helmstedt, bis 1809 bedeutende Universität.

2) Der Weserdistrikt: Neustadt. In der Nähe die Trümmer der Harzburg.

Lutter am Barenberge. Hier siegte Tilly 1626 über den dänischen König Christian IV.

Gandersheim, berühmt durch die Nonne und Dichterin Roswitha, welche hier im 10. Jahrhundert lebte.

Holzminden (Weser). Baugewerkschule.

3) Der Harzdistrikt: Blankenburg. Rübeland (Bode) mit den Tropfsteinhöhlen: Baumanns- und Bielshöhle.

13) Das Herzogtum Sachsen-Altenburg.

(1320 qkm, 170,000 Ew.)

Die Saale und die Pleiße.

Altenburg, nicht weit von der Pleiße. Das Residenzschloß, aus welchem 1455 Kunz von Kaufungen die sächsischen Prinzen Ernst und Albert raubte

14) Das Herzogtum Sachsen-Koburg-Gotha.

(2000 qkm, 200,000 Ew.)

Der Thüringerwald.

Gotha, Hptst., am Nordabhange des Thüringerwaldes.

Reinhardsbrunn, Lustschloß. Ruhla, teils zu Gotha, teils zu Weimar gehörig. Fabrikort.

Koburg (Itz), am Südabhange des Thüringerwaldes, die gewöhnliche Residenz.

15) Das Herzogtum Sachsen-Meiningen-Hildburghausen.

(2500 qkm, 225,000 Ew.)

Das Land liegt größtenteils am Südabhange des Thüringerwaldes.

Die Saale und die Werra.

Meiningen (Werra), Hptst.

Nicht weit von dem Bade Salzungen das Dorf Möhra, wo Luthers Eltern wohnten.

Hildburghausen (Werra).

Saalfeld (Saale). Gefecht 1806.

16) und 17) Die beiden Fürstentümer Schwarzburg-Rudolstadt und Schwarzburg-Sondershausen.

(Beide zusammen 1800 qkm, 160,000 Ew.)

Der südliche Teil am Thüringer- und Frankenwalde.

Die Saale, Ilm, Wipper, Gera.

Die Fürstentümer bestehen aus der Unterherrschaft im N. und der Oberherrschaft im S.

In der Unterherrschaft:

Sondershausen (Wipper), Hauptst. des Fürstentums Schwarzburg-Sondershausen.

Frankenhausen, zu Schwarzburg-Rudolstadt gehörig, 1525 Sieg über die aufständischen Bauern unter Thomas Münzer. In der Nähe der Kyffhäuser.

In der Oberherrschaft:

Rudolstadt (Saale), Hptst. des Fürstentums Schwarzburg-Rudolstadt.

Arnstadt (Gera), zu Schwarzburg-Sondershausen gehörig.

18) und 19) Die beiden Fürstentümer Reuß ältere und jüngere Linie.

(Beide zusammen 1150 qkm, 165,000 Ew.)

Die nördliche Abdachung des Frankenwaldes.

Die Saale und die weiße Elster.

a. Das Fürstentum Reuß ältere Linie:

Greiz, an der weißen Elster, Hptst.

b. Das Fürstentum Reuß jüngere Linie:

Schleiz, Residenz. — Gera, an der Elster. Fabrikort.

20) Das Fürstentum Lippe.

(1200 qkm, 125,000 Ew.)

Der Teutoburgerwald (Osning).

Linkes Ufer der Weser.

Detmold (Werre), Residenz. Im S. W. die Grotenburg, d. h. großer Berg, mit dem 1875 durch Kaiser Wilhelm eingeweihten Hermannsdenkmal

Im N. Lemgo. Im S. Horn; nicht weit davon die Externsteine, Sandsteinfelsen.

21) Das Fürstentum Schaumburg-Lippe.

(340 qkm, 37,000 Ew.)

Das Süntelgebirge.

Das Steinhuder Meer.

Bückeburg, Residenz. — Im Steinhuder Meer auf einer künstlich gebildeten Insel: Wilhelmstein, früher eine Festung, jetzt Staatsgefängnis.

22) Das Fürstentum Waldeck.

(1120 qkm, 57,000 E.)

Der Ostabhang der niederrheinischen Gebirge und die Wesergebirge.

Die Diemel und die Eder.

Das Land besteht aus zwei getrennten Teilen.

Im südlichen Teile: Arolsen, Residenz.

Im nördlichen Gebiete: Pyrmont, Badeort.

23) Die freie und Hansestadt Bremen.

(250 qkm, 165,000 Ew.)

Bremen (Weser), 130,000 Ew. Das Rathaus mit dem berühmten Ratskeller, davor die alte Rolandssäule. Bedeutender Handel mit Amerika.

An der Wesermündung: Bremerhaven.

24) Die freie und Hansestadt Hamburg.

(410 qkm, 625,000 Ew.)

Hamburg (Elbe), 550,000 Ew. mit den Vororten, der erste Seehafen des europäischen Festlandes.

An der Mündung der Elbe: Cuxhaven.

25) Die freie und Hansestadt Lübeck.

(300 qkm, 75,000 Ew.).

Lübeck (Trave), einst Vorort der Hansa. Das Rathaus, der Dom, die Marienkirche. In Lübeck wurde der Dichter Geibel geboren und starb ebendaselbst 1884.

Travemünde, an der Mündung der Trave.

26) Das Reichsland Elsaß-Lothringen.

(14,500 qkm, 1,6 Mill. Ew.).

Der Wasgau.

Der Rhein, die Ill, die Mosel, die Saar.

Das Land zerfällt in 3 Verwaltungsbezirke

1) Bezirk Unter-Elsaß:

Straßburg, Argentoratum, a. d. Ill, 3 km von dem Rhein, 124,000 Ew., Hauptstadt des Reichslandes, starke Festung, das gotische Münster, Kaiser-Wilhelms-Universität; hier erfand Gutenberg die Buchdruckerkunst. Die dem deutschen Reiche im Jahre 1681 entrissene Stadt wurde am 28. September 1870 von dem deutschen Heere wieder eingenommen.

Im N. von Straßburg: Hagenau, Wörth, Schlacht am 6. August 1870, Weißenburg, Gefecht am 4. August 1870.

Im S. von Straßburg: Schlettstadt (Ill).

2) Bezirk Ober-Elsaß:

Kolmar. Südlich Neu-Breisach am Rhein-Rhone-Kanal, Festung. Mühlhausen, auf einer Insel zwischen der Ill und dem Rhein-Rhone-Kanal.

3) Bezirk Lothringen:

Metz (Mosel), bedeutende Fstg. Westlich Gravelotte, Sieg am 18. August 1870 Kapitulation der Bazaineschen Armee und der Festung am 27. Oktober 1870.

Im N. von Metz: Diedenhofen (Mosel), Fstg. Im O.: Forbach. Zwischen Saarbrücken (Rheinprovinz) und Forbach: Die Höhen von Spicheren, welche am 6. August 1870 von den deutschen Truppen erstürmt wurden.

9) Die Schweiz.

(41,000 qkm, 3 Mill. Ew.).

Gebirge: 1) Die Mittel- oder Central-Alpen: der Monte Rosa und der St. Gotthard (mit den Quellen der Reuß nach Norden, des Rheins nach Nordosten, des Tessin nach Suden, des Rhone nach Westen).

2) Der Schweizer Jura.

Flüsse: 1) Der Rhein; Nebenfl. links. Die Aar mit der Reuß durch den Vierwaldstädter See und Limmat durch den Züricher See.

2) Der Rhone durch den Genfer See.

3) Der Inn (zur Donau).

4) Der Tessin durch den Lago Maggiore.

Seeen: 1) Der Genfer See. 2) Der Neuenburger See. 3) Der Vierwaldstätter See. 4) Der Züricher See.

Städte: 1) Bern (Aar), Sitz der Bundesbehörden, Univ. 2) Basel (Rhein), Univ. 3) Schaffhausen (Rhein). 4) St. Gallen. 5) Zürich (Limmat), Univ. 6) Genf (Rhone und Genfer See), Univ. Durch Schlachten sind bekannt: Morgarten, Sempach, Murten.

10) Die östreichisch-ungarische Monarchie.

(675,000 qkm, 42 Mill. Ew.).

Gebirge: 1) Die Mittel- und Ost-Alpen. 2) Der Böhmer Wald. 3) Die Sudeten. 4) Das böhmisch-mährische Gebirge. 5) Die Karpathen (mit den Quellen der Weichsel und der Warthe).

Flüsse: 1) Die Donau: Nebenflüsse rechts: Lech, Inn mit Salzach, Traun, Enns, Leitha, Raab, Drau mit Mur, Sau; links: March, Waag, Gran, Theiß, Temes.

2) Die Etsch mit dem Eisack.

3) Die Elbe: Nebenfl. rechts: Iser; links: Moldau, Eger.

4) Die obere Weichsel.

5) Der Dnjestr (durch Galizien).

Tiefebenen: 1) Die ober-ungarische Ebene. 2) Die nieder-ungarische Ebene.

Seeen: Der Neusiedler- und der Platten-See in Ungarn.

Einteilung.

Das Kaisertum zerfällt in zwei Teile.

A. Cisleithanien (Östreichische Reichshälfte).

B. Transleithanien (Ungarische Reichshälfte).

A. Cisleithanien.

(300,000 qkm, 24 Mill. Ew.)

Es besteht aus 13 Teilen:

1) Die gefürstete Grafschaft Tirol und das Land Vorarlberg Innsbruck (Inn), Hptst., Univ., Meran und Trient (beide a. d. Etsch), Botzen (Eisack), Bregenz (Boden-See), Hptst. von Vorarlberg.

Zwischen der Schweiz und Vorarlberg liegt das Fürstentum Liechtenstein mit dem Hauptort Vaduz (Rhein).

2) Das Königreich Dalmatien: Zara, Hptst.

3) Das Küstenland oder Litorale: Triest (Meerbusen gl. Namens) 160,000 Ew., Hptst. Pola, Kriegshafen.

4) Das Herzogtum Krain Laibach, Hptst Adelsberg.

5) Das Herzogtum Kärnthen. Klagenfurt, Hptst.

6) Das Herzogtum Steiermark: Graz (Mur), Hptst., Universität. Marburg (Drau).

7) Das Herzogtum Salzburg: Salzburg (Salzach), Hptst., Geburtsort Mozarts. Hallein (Salzach). Wildbad-Gastein. Zell (See gleichen Namens).

8) Das Erzherzogtum Östreich unter der Enns: Wien (Donau), Hptst. des ganzen Reichs, 1,3 Mill. Ew. (mit 35 Vororten), Univ. Im O. das Marchfeld. Im S. Wiener-Neustadt (Leitha).

9) Das Erzherzogtum Östreich ob der Enns: Linz (Donau), Hptst. Im Salzkammergut: Ischl, Badeort.

10) Das Königreich Böhmen (52,000 qkm, 5,8 Mill Ew.): Prag (Moldau), Hptst., 315,000 Ew., älteste deutsche Universität. Reichenberg (Neiße). Königgrätz (Elbe), Schlacht am 3. Juli 1866. Die Badeorte: Teplitz, Karlsbad und Marienbad.

11) Die Markgrafschaft Mähren mit dem östreichischen Schlesien: Brünn, (Schwarzawa), Hptst. von Mähren.

Im O. Austerlitz, Dreikaiserschlacht. Olmütz (March). In Schlesien: Troppau (Oppa).

12) Das Königreich Galizien: Lemberg, Hptst., Univ. Krakau (Weichsel), Univ., Festg. Wieliczka, Steinsalzgruben.

13) Das Herzogtum Bukowina: Czernowitz (Pruth), Hptst., Univ.

B. Transleithanien.

(375,000 qkm, 18 Mill. Ew.)

Es besteht aus 2 Teilen.

1) Ungarn-Siebenbürgen. a. Das Königreich Ungarn: Budapest, vereinigte Hauptst., 500,000 Ew., und zwar Buda (Ofen) auf dem rechten, Pest auf dem linken Ufer der Donau; Univ. Preßburg (Donau). Szegedin (Theiß und Maros).

b. Das Großfürstentum Siebenbürgen: Hermannstadt, Hptst. Kronstadt. Klausenburg (Szamos), Univ.

2) Die Königreiche Slavonien und Kroatien und die ungarische Freistadt Fiume. Agram (Sau), Univ. Fiume, Freihafen. Semlin (Sau und Donau), Belgrad gegenüber. Peterwardein (Donau), Festg.

Unter östreichischer Verwaltung stehen: Bosnien, Herzegowina und Novipazar.

11. Die Pyrenäen-Halbinsel.

A Das Königreich Spanien (500,000 qkm, 17 Mill. Ew.)
B. Das Königreich Portugal (92,000 qkm, 4,7 Mill. Ew.)

Vorgebirge: 1) Kap Finisterre im N.-W. 2) Kap da Roca im W. 3) Kap Vincent im S.-W. 4) Kap Tarifa im S. 5) Kap Creus (Kré-us) im N.-O.

Gebirge. 1) Die Pyrenäen. 2) Das kantabrische Gebirge. 3) Das kastilische Scheidegebirge. 4) Das andalusische Scheidegebirge. 5) Die Sierra Neváda.

Flüsse. a. unmittelbar in den atlantischen Ocean: 1) Der Minho (spr. Minjo) 2) Der Duéro. 3) Der Mondégo. 4) Der Tajo, rechts: Henares mit Manzanares. 5) Der Guadiána. 6) Der Guadalquivir mit Jenil (Chenil).

b. in das mittelländische Meer: 7) Die Küstenflüsse Segúra und Guadalaviar. 8) Der Ebro.

Städte:

A. In Spanien:

a. im N. O: 1) Zaragoza (Ebro).

b. im W.: 2) Salamanca, Univ.

c. in der Mitte: 3) Madrid (Manzanáres), Hptst. des Reichs, 500,000 Ew., Univ. Im Süden die Residenz Aranjuez (Tajo). 4) Tolédo (Tajo), Sitz des ersten Erzbischofs des Landes.

d. an der Ostküste: 5) Barcelona, 270,000 Ew. 6) Valencia (Guadaláviar), 170,000 Ew. 7) Murcia (Segúra).

e. im Süden: 8) Cadiz (auf der Insel León), Festg. 9) Sevilla (lja) am Guadalquivir, 140,000 Ew., Univ. 10) Córdova (Guadalquivir). 11) Granáda (Jenil) mit den Trümmern des alten Maurenpalastes Alhambra. 12) Málaga (an der Küste), Ausfuhr von Wein und Südfrüchten.

B. In Portugal:

1) Lissabon (Tajo), 250,000 Ew., Hptst. des Reichs; im Jahre 1755 durch ein Erdbeben fast ganz zerstört. 2) Porto oder Oporto (Duéro). 3) Bragança. 4) Coimbra (Mondego), Univ.

Zu Spanien gehören noch in Europa: 1) Die Balearen (Mallorea und Menórca. 2) Die Pityusen.

12. Das Königreich Italien.

(290,000 qkm, 31 Mill. Ew.)

Vorgebirge: 1) Kap Leuca. 2) Kap Spartivento. 3) Kap Passaro.

Gebirge 1) Die Alpen und zwar a. die West-Alpen im N. W.; b. die Mittel- oder Central Alpen im N.; c die Ost-Alpen im N. O. 2) Die Apenninen, in einem großen Bogen vom Meerbusen von Genua bis zur Straße von Messina; in dem mittleren Teile die Abruzzen mit dem Gran Sasso d'Italia.

Flüsse: a. zum mittelländischen Meere: 1) Der Var auf der Grenze von Frankreich und Italien. 2) Der Arno. 3) Der Tiber. 4) Der Garigliano (Gariljáno).

b. in das adriatische Meer:

5) Der Po; Nebenflüsse links: Tessin oder Ticino durch den Lago Maggiore, Adda durch den Comer-See, Oglio (Oljo) durch den Iséo-See, Mincio durch den Garda-See. 6) Die Etsch. 7) Die Küstenflüsse: Isonzo, Tagliamento (talj), Piáve, Brenta, Rubiko und Ofánto.

Tiefebene: Die lombardische am Po und an der Etsch.

Städte:

a. in Nord-Italien:

1) Turin (Po), 300,000 Ew., Univ. 2) Alessandria, Fstg. 3) Pavia (Ticino), Univ. 4) Genua, 200,000 Ew., Fstg. 5) Mailand oder Milano, 400,000 Ew. 6) Mantua (Mincio), Festg. 7) Verona (Etsch), Fstg. 8) Venedig (in den Lagunen des adriatischen Meeres), 160,000 Ew. 9) Bologna, Univ.

b. in Mittel-Italien:

10) Florenz (Arno), 180,000 Ew. 11) Pisa (Arno). 12) Rom (Tiber), 410,000 Ew., Hptst. des ganzen Reichs und Sitz des Papstes, reich an Bauwerken und Kunstschätzen alter und neuerer Zeit.

c. in Unter-Italien:

13) Neapel (am Busen von Neapel), 500,000 Ew. In der Nähe der Vesuv, durch dessen Ausbruch im J. 79 n. Chr. die Städte Pompeji und Herculanéum verschüttet wurden.

d. in Sicilien:

14) Palermo, 270,000 Ew. 15) Messina. 16) Catánia am S. Fuße des Ätna. 17) Siracúsa (Syrakus).

e. in Sardinien:

18) Cagliari (spr. Cáljari), Hptst., Festg.

Zu Italien gehören noch folgende Inseln:

1) Die liparischen Inseln. 2) Capri. 3) Ischia (Iskia). 4) Elba.

13) Die Balkan-Halbinsel.

Gebirge: 1) Die dalmatischen oder dinarischen Alpen nach S. O. 2) Der Schar-Dagh und der Balkán der Hämus von W. nach O. bis zum schwarzen Meere. 3) Der Pindus von

N. nach S. 4) Der Taygetos auf der Halbinsel von Morea von N. nach S. bis zum Kap Matapán.

Flüsse. 1) Der Salamvria
2) Der Wardar
3) Der Struma
4) Die Maritza
in das ägäische Meer.

Tiefebene: Die walachische an der unteren Donau.

A. Die europäische Türkei.

(330,000 qkm, 8,6 Mill. Ew.)

1) Unmittelbare Besitzungen: a) Rumelien (das alte Thrakien): 1) Konstantinopel, Stambul, früher Byzanz, an der Einmundung des Bosporus in das Marmara-Meer, 900,000 Ew., Hptst. des Reichs, mit den Vorstädten Gálata und Péra auf europäischer, Skútari auf asiatischer Seite. 2) Adrianopel (Maritza). 3) Gallipoli, an der Straße der Dardanellen, einst Hellespont genannt, Kriegshafen.

b) Makedonien: Saloniki früher Thessalonich (Golf vom Saloniki).

c) Albanien: Jánina.

d) Inseln im ägäischen Meere: Thasos, Samothraki, Limnos und Kandia (Kreta) mit der Hptst. Kandia.

2) Bosnien, mit der Hptst. Serajéwo, Herzegowina, mit der Hptst. Mostar, und der Distrikt von Novipazar stehen unter östreichischer Verwaltung.

3) Ost-Rumelien mit der Hptst. Philippopel (Maritza) und das Fürstentum Bulgarien mit der Hptst. Sofia. Außerdem: Tirnowo, Rustschuk (Donau), Warna (am schwarzen Meere). Beide Länder stehen unter türkischer Oberhoheit, sind aber unter einem eigenen Fürsten vereinigt.

B. Das Königreich Rumänien.

(130,000 qkm, 5,5 Mill. Ew.)

1) Walachei mit der Hptst. Bukarest, 220,000 Ew., Univ.

2) Moldau mit der Hptst. Jassy, nicht weit vom Pruth. Galatz (Donau).

3) Die Dobrudscha mit dem Donauhafen Tultscha.

C. Das Königreich Serbien

mit Belgrad (Sau und Donau), Hptst.

D. Das Fürstentum Montenégro

mit dem Hauptorte Cetinje.

E. Das Königreich Griechenland.

(65,000 qkm, 2 Mill. Ew.).

1) Festland: a. Mittel-Griechenland; 1) Athen Hptst., am Fuße des Hymettus, mit dem Hafen Piräus, 100,000 Ew., Univ. 2) Missolónghi. 3) Lepánto oder Epakto, Seeschlacht 1571.

b. in Thessalien: 4) Larissa (Salamvria), Hptst.

2) Die Halbinsel Moréa oder der Peloponnes: 5) Sparta (Eurótas, jetzt Iri). 6) Nauplia. 7) Korinth (am Isthmus). 8) Paträs. 9) Navarino, Seeschlacht 1827.

3) Inseln im ägäischen Meere: Negroponte oder Euböa, die größte; Delos, Naxos, Paros.

4) Die ionischen Inseln im ionischen Meere: Kephallenia, jetzt Cefalonia, die größte unter ihnen; Corcyra, jetzt Korfu, mit der Hptst. gl. N.; Ithaka, jetzt Thiáki.

§ 10. Asien.

(44,000,000 qkm, 832 Mill. Ew.).

1) Das asiatische Rußland.

(16,500,000 qkm, 17 Mill. Ew.)

A. Sibirien. B. Central-Asien. C. Kaukasien.

Vorgebirge: Das Ost-Kap.

Gebirge: 1) Das Altai-Gebirge, das sajanische Gebirge, das Jablonoi- und das Stanowoi-Gebirge in Sibirien. 2) Der Kaukasus mit dem Elbrus in Kaukasien.

Flüsse: a. zum nördlichen Eismeere: 1) Der Ob in den obischen Meerbusen; Nebenfluß links: Irtisch mit Toból. 2) Der Jenissei; rechts: Angára durch den Baikal-See. 3) die Lena.

b. zum großen Ocean: 4) Der Amur in das ochotskische Meer.

c. in den Balkasch-See: 5) der Ili.

l. in den Aral-See: 6) der Syr und der Amu.

e. in das kaspische Meer: 7) Der Kur mit Aras und der Terek.

Landseeen: 1) Der Baikal-See. 2) Der Balkasch-See. 3) Der Aral-See. 4) Das kaspische Meer.

Städte:

A. In Sibirien.

1) Tomsk, Hptst. von West-Sibirien. 2) Tobólsk (Irtisch und Tobol). 3) Omsk (Irtisch), Festg. 4) Irkútsk (Angára), Hptst. von Ost-Sibirien. 5) Ochotsk (am ochotskischen Meer). 6) Petropawlowsk auf der Halbinsel Kamtschatka.

B. In Central-Asien.

7) Taschként. 8) Samarkánd. 9) Kókan (Syr).

C. In Kaukasien.

10) Tiflis (Kur), Hptst. 11) Eriwán. 12) Batum.

2) **Das Kaiserreich Japán** (in Ost-Asien).

(380,000 qkm, 40 Mill. Ew.)

Es besteht aus drei großen und vielen kleinen Inseln; auf der größten, Nipon, liegen die beiden Städte: 1) Tokió mit 1,5 Mill. Ew., Hptst. des Mikádo. 2) Kióto, 250,000 Ew. Auf der Insel Kiu-Siu liegt Nagasáki.

3) **Das Kaiserreich China** (in Ost- und Mittel-Asien.)

(11,500,000 qkm, 400 Mill. Ew.)

Gebirge: 1) Das Altai-Gebirge. 2) Das Chingan-Gebirge. 3) Der Tianschan. 4) Der Kuen-lun. 5) Die Hochfläche Pamir. 6) Die Karakorúm-Kette mit dem Dapsang, 8600 m hoch. 7) Der Himalaya mit dem Everestberg oder Gaurisankar, 8800 m hoch.

Flüsse: 1) Der Amur ins ochotskische Meer. 2) Der gelbe Strom oder Hoangho und 3) der blaue Strom oder Jangtsekiang in das ostchinesische Meer. 4) Der Tarim in den Lob-See. 5) Der Ili in den Balkasch-See.

Kanal: Der Kaiserkanal.

Einteilung.

1) Das eigentliche China im S. O. des Reichs: 1) Péking, etwa 1½ Mill. Ew., Hptst., nicht weit von der „großen Mauer". 2) Nanking (Jangtsekiang), ½ Mill. Ew. 3) Shanghai, 350,000 Ew. 4) Kánton, 1½ Mill. Ew.

Dazu gehören die Inseln Hainan und Formósa. Das Königreich Koréa mit der Hptst. Seul ist jetzt unabhängig.

Den Engländern gehört die Insel Hongkong.

2) Die Mandschurei im N. O.

3) Schutzstaaten:

a. Die Mongolei im N. mit Gobi, d. h. Wüste oder Schamo, d. h. Sandmeer.

b. Tibet im S. W., zwischen Kuen-lun und Himalaya, mit Lhása.

c. Ost-Turkestán mit Káschgar und Járkand.

d. Dsungarei mit Kuldscha am Ili.

4) Turán oder **West-Turkestan** (in Mittel-Asien).

Flüsse: 1) Amu und 2) Syr in den Aral-See.

Die ganze Nordhälfte des Landes gehört zum russischen Central-Asien; im südlichen Teile sind die Chanate: 1) Bucharä und 2) Chiwa (Amu) Rußland tributpflichtig.

5) Die indische Inselflur (in Süd-Asien).

a. Die vier großen Sunda-Inseln: Sumátra, Java, 20 Mill. Ew., (Batavia, Hptst.), Bórneo, Celébes. b. Die kleinen Sunda Inseln. c. Die Molukken oder Gewürz-Inseln d. Die Philippinen (Manila Hptst.), 180,000 Ew.

Auf allen Sundainseln und den Molukken herrschen die Niederländer, auf den Philippinen die Spanier.

6) Die Halbinsel Hinter-Indien (in Süd-Asien)

Vorgebirge: Das Kap Buru.

Gebirge: Viele Zweige des Himalaya ziehen von N. nach S.

Flüsse: a. zum großen Ocean: 1) Der Mekong oder Cambódja — ins südchinesische Meer. 2) Der Menam — in den Busen von Siam.

b. zum indischen Ocean: 3) Die Irawadi, 4) Der Saluen, beide in den Meerbusen von Martabán.

Staaten:

1) Britisch-Birma mit der Hptst. Rangún (Irawadi).

2) Das frühere Königreich Birma, jetzt ebenfalls unter englischer Verwaltung, mit der Hptst. Mandalai (Irawadi).

3) Das Reich Siam mit der Hptst. Bangkok (Menam).

4) Das Kaiserreich Annam mit Tongking und Cochinchina ist französischer Schutzstaat.

An der Südspitze der Halbinsel Malákka gehört die Insel. Singapúr mit der Hptst. gl. Namens den Engländern.

7) Die Halbinsel Vorder-Indien (in Süd-Asien).

Vorgebirge: Das Kap Komorin — im Süden.

Gebirge: Der Himalaya — im Norden.

Flüsse: Zum indischen Ocean:

1) Der Brahmapútra } in den Meerbusen
2) Der Ganges mit der Dschamna } von Bengalen.

3) Der Narbáda } in das persisch-arabische Meer.
4) Der Indus }

Einteilung.

A. Europäische Besitzungen.

a. Das britische Kaisertum Indien:

(3,250,000 qkm, 270 Mill. Ew.)

Im Indusgebiet liegt im Pandscháb die Stadt Lahore.

Im Gangesgebiet liegen die Städte:

1) Calcutta 800,000 Ew., Sitz des englischen Vizekönigs. 2) Patna (Ganges). 3. Benáres (Ganges). 4. Délhi (Dschamna), frühere Hptst. des Großmoguls, 170,000 Ew.

An der Küste Koromandel:

5) Madrás, 410,000 Ew. 6) Masulipatám.

An der Küste Málabar:

7. Bombay, 770,000 Ew., auf der Insel gl. N.

Die Insel Ceylon mit der Hptst. Kolombo.

b. Besitzungen der Franzosen.

Die Stadt Pondichéry auf der Küste Koromandel.

c. Besitzungen der Portugiesen.

Die Stadt Goa, Festg. und Diu.

B. Unabhängige indische Staaten.

1) Nepal. 2) Bután.

8) Das Hochland von Irán (in Süd-Asien).

Gebirge: 1) Das Soliman-Gebirge — im Osten. 2) Der Hindukusch und der Elburs — im Norden. 3) Die Berglandschaft von Kurdistán — im Westen.

Das Hochland zerfällt in 3 Reiche:

I. Persien: 1) Teherán, 210000 Ew., Hptst. 2) Ispahán, früh re Hptst. 3) Täbris, 170,000 Ew.

II. Afghanistán: 4) Kábul, Hptst. 5) Herat. 6) Kandähar.

III. Baludschistán: 7) Kelat, Hptst.

9) Die Halbinsel Arabien (in Süd-Asien).

Gebirge: Der Sinai auf der Sinai-Halbinsel.

1) Die Westküste: a. Die nördliche Landschaft Hedschas mit Mekka, Muhameds Geburtsort, Medina und Dschidda (am roten Meere) gehört der Türkei. Ebenso b. die südwestliche Landschaft Jemen (spr. Dschémen), das glückliche Arabien mit Mocha. Aden gehört den Engländern.

2) Im S. die Landschaft Hadramaut.

3) Die Landschaft Oman mit Maskat am persischen Meerbusen.

4. Die Wüstenplatte Nédsched in der Mitte der Halbinsel.

10) Die asiatische Türkei (in West-Asien).

(1,900,000 qkm 13 Mill. Ew.)

Vorgebirge: Kap Baba, der westlichste Punkt Asiens.

Gebirge: 1) Das armenische Hochland. 2) Der Taurus und der Antitaurus. 3) Der Libanon und der Antilibanon.

Flüsse: a. zum atlantischen Ocean: 1) Der Kisil Irmak (Halys) — ins schwarze Meer. 2) Der Orontes — ins mittelländische Meer.

b. zum indischen Ocean: 3) Der Euphrat und Tigris (Schat el-Arab) — in den persischen Meerbusen.

Seeen: 1) Das tote Meer mit dem Jordan. 2) Der Wan-See

Einteilung.

a. Die Halbinsel Kleinasien: 1) Smyrna, 190,000 Ew 2) Brussa. 3) Skútari (am Bosporus). 4) Sinópe. 5) Tarabison (Trapezúnt) 6) Tarsus, Geburtsort des Apostels Paulus.

b. Armenien: Erserum

c. Mesopotamien (das Land zwischen Euphrat und Tigris) 1. Mosul. 2. Bagdad (Tigris), zur Zeit Harun al Raschids die erste Stadt der Welt. 3) Basra (Schat-el-Arab.)

d. Syrien und Palästina. In Syrien: 1) Antakié, früher Antiochia (Orontes). 2) Háleb oder Aleppo, 110,000 Ew 3) Damaskus, 150,000 Ew. 4) Beirút.

In Palästina: 1) Jerusalem; 7 km südlich Bethlehem. 2) Jericho (am Thalrande des Jordan). 3) Tibérias (am See Genezareth). In der Nähe Nazareth. 4) An der Küste: Akka oder Acre, Jáfa oder Joppe, Askalon.

e. Die Besitzungen in Arabien: Hedschas und Jemen.

f. Inseln: Die hauptsächlichsten sind: Rhodus, Patmo, Verbannungsort des Evangelisten Johannes, Samos, Skio. — Cypern ist 1878 an England abgetreten.

§ 11. Afrika.

30,000,000 qkm, 200 Mill. Ew.)

A Nord-Afrika.

1) Die Berberei.

Vorgebirge: Das Kap Blanco, die nördlichste Spitze Afrikas.

Gebirge: Das Hochland der Berberei mit dem kleinen Atlas im N. und dem hohen Atlas im W.

Einteilung.

a. Das Sultanat Marokko: 1) Fes im N. 2) Marokko (am Atlasgebirge). 3) Tanger, Seehafen 4) Ceuta (spanisch)

b. **Algerien** (französisch), 660,000 qkm, [3,5 Mill. Ew.: 5) Algier, Sitz des General-Gouverneurs. 6) Konstantine. 7) Oran.

c. **Tunis** (französischer Schutzstaat) 8) Tunis. 150,000 Ew. In der Nähe die Trümmer des alten Karthago.

d. **Tripoli und Fessán** (türkische Provinz): 9. Tripoli, Hptst.

2) Barka.

Dies östliche Hochland von Nord-Afrika ist seit 1879 eine türkische Provinz mit der Hptst. Bengási (an der großen Syrte)

3) Ägypten, türkischer Vasallenstaat, 7 Mill. Ew.

Flüsse ins mittelländische Meer: Der Nil; Quellströme rechts: Der blaue Fluß oder Bahr el Asrak; links: Der weiße Fluß oder Bahr el Abïad.

Einteilung.

a. **Ober-Ägypten** mit den Ruinen der alten Königsstadt Theben.

b. **Mittel-Ägypten:** 1) Kairo (Nil), Hptst., 375,000 Ew., die größte Stadt Afrikas. In der Nähe die Ruinen von Memphis.

c. **Unter-Ägypten,** das Nildelta· 2) Alexandrien, 230,000 Ew. 3) Rosette. Im W. Abukir (Nelsons Sieg 1798). 4) Damiette. 5) Port Said und Sues, beide am Sueskanal.

4) Nubien und östlicher Sudán.

Flüsse: Der blaue und weiße Fluß, welche sich bei Chartúm vereinigen und den Nil bilden.

Chartúm, 50,000 Ew., Hauptsitz des Sklavenhandels.

5) Abessinien oder Habesch.

Gebirge: Die abessinischen Alpen (4600 m hoch).

Flüsse. Die Quellen und der obere Lauf des blauen Nil. Gondar, Hptst. des Landes. Im N. O. die Hafenstadt Massaua, von den Italienern besetzt.

6) Die Wüste Sahara.

Im O. der Sahara der libyschen Wüste liegen mehrere Oasen: zu diesen gehört Siwah, im Altertum bekannt durch den Tempel des Gottes Amon.

7) Sudan.

Der Niger vom nördlichen Rande des Kong, d. i. Gebirge. Der Tjad-See, in welchen der Schari einströmt.

1) Timbuktu, Mittelpunkt von 5 Karawanenstraßen.

2) Südöstlich davon die blühende Handelsstadt Kano.

3) Im W. des Tsad-Sees das Reich Bornu mit der Hptst. Kuka

1) Im O. davon die Reiche Bagirmi, Wadai, For und Kordofán.

8) Senegambien.

Flüsse: 1) Der Senegal. 2) Der Gambia

Französische (St. Louis am Senegal) und englische Niederlassungen.

B. Süd-Afrika.

9) Die Westküste.

I. Ober-Guinea, westlich vom Niger-Delta, südlich vom Kong. a) Die Sklavenküste: Der östliche Teil ist im Besitz der Engländer, der westliche, das Togóland mit Klein-Povo, ist deutsches Schutzgebiet. b) Die Goldküste gehört den Engländern. c) Nördlich von der Sklaven- und Goldküste das Reich Dahome und das Reich der Aschanti. d) Die Zahn- oder Elfenbeinküste. e) Die Pfefferküste mit der Neger-Kolonie Liberia. f) Die Sierra-Leone-Küste mit der Neger-Kolonie Freetown (Fritaun).

Im S. O. von Ober-Guinea in der Bucht von Kamerun: Das Kamerunland, deutsches Schutzgebiet, w. vom Kamerungebirge.

II. Nieder Guinea, vom Kongo durchflossen: a) Am Äquator einige Niederlassungen der Franzosen. b) Der Kongostaat mit Leopoldville (Kongo). c) Im S. von der Kongomundung die portugiesischen Landschaften Angola mit der Hptst. Loánda und Benguela mit der Hptst. Benguela.

III. Vom Oranjefluß bis zum Kunené: Angra-Pequêna und Nama-Damaraland, Deutsch-Südwestafrika genannt.

10) Die Ostküste.

Gebirge: Im N. O. der Südabfall der abessinischen Alpen. Südlich davon die Schneegipfel des Kilima-Ndscharo, 5700 m.

Seeen: 1) Der Mwutan-See (Albert-Njansa). 2) Der Ukeréwe-See (Viktoria-Njansa). 3) Der Tanganjika-See. 4) Der Bangwéolo-See. 5) Der Njassa-See.

1) Das Kaffernland. 2) Natal (englische Kolonie). 3) Der Oranje-Freistaat. 4) Der Transvaalstaat mit Pretoria. 5) Sofala. 6) Mozambique; auf der Grenze von Mozambique und Sofala der Sambésifluß. 7) Das unter englischer Schutzherrschaft stehende Sultanat Sansibar. Der Insel Sansibar gegenüber liegt Deutsch-Ostafrika mit den Haupthäfen Bagamoyo und Dar-es-Salam. 8) Somali bis zum Kap Guardafui.

11) Das britische Kapland.

Im N. der Oranjefluß; im S. das Vorgebirge der guten Hoffnung; im S. O. das Nadelkap oder Kap Agulhas, die südlichste Spitze des Erdteils. — Kapstadt, Hptst. Im S. der Tafelberg.

C. Die Inseln um Afrika.

I. Im atlantischen Ocean.

1) St. Helena, britisch, Verbannungsort Napoleons I. 2) Ascension, britisch. 3) Die kapverdischen Inseln, portugiesisch. 4) Die kanarischen Inseln, spanisch; die wichtigsten sind: Tenerifa (mit dem Vulkan Pico de Teyde) und Ferro. 5) Madéira und 6) die Azóren, portugiesisch.

II. Im indischen Ocean.

1) Madagaskar, 600,000 qkm, 2,5 Mill. Ew. 2) Die Maskarénen: Réunion, französisch, und Mauritius, britisch. 3) Sokótra, britisch.

§ 12. Amerika.

(38,500,000 qkm, 123 Mill. Ew.)

A. Nord-Amerika.

1) Britisches Nord-Amerika.

(8,500,000 qkm, 4,5 Mill. Ew.)

Vorgebirge: Das Kap Murchison (Mörtschißn).

Gebirge: 1) Die nordamerikanischen Seealpen. 2) Das Cascaden-Gebirge. 3) Das Felsengebirge oder die Rocky-Mountains.

Flüsse: a. zum nördlichen Eismeere: 1) Der Mackénzie-Fluß.

b. zum atlantischen Ocean: 2) Der Nelsonfluß aus dem Winnipeg-See — in die Hudsonbai. 3) Der Lorenz-Strom, Abfluß des Oberen-, Michigan-, Huronen-, Erie- und Ontario-Sees. (Der Niágara-Fall.)

Seeen: Außer den eben genannten: Der große Bären- und der große Sklaven-See.

Einteilung.

Nur der fünfte Teil des ganzen Landes ist kolonisiert; er enthält folgende Gebiete:

I. Staatenbund von Cánada. a. Ontario mit der Bundeshauptstadt Ottawa und Torónto (Ontario-See). b. Quebec mit Quebec (Lorenzfl.) und Montreál (auf einer Insel des Lorenzfl.), 190,000 Ew. c. Neu-Braunschweig mit der Halbinsel Neu-Schottland mit Hálifax. d. Britisch-Columbia jenseit des Felsengebirges, im S. W. mit der Insel Vancouver (Wankuwer).

II. Die Insel **Neufundland.**

III. Die **Bermuda-Inseln.**

2) Die Insel Grönland.

Die nur an der Süd- und Westküste kolonisierte Insel gehört den Dänen. An der S.W.-Küste der kleine Ort Friedrichsthal.

3) Die Vereinigten Staaten von Amerika.

(9.200,000 qkm, 63 Mill. Ew.)

Vorgebirge: Das Kap Barrow und das Kap Prinz Wales, die westlichste Spitze Amerikas.

Gebirge: 1) Die See-Alpen mit dem Eliasberge. 2) Das Cascaden-Gebirge. 3) Die Sierra Neváda. 4) Die Rocky Mountains oder das Felsengebirge. 5) Das Alleghany-Gebirge.

Flüsse: a. zum atlantischen Ocean: 1) Die Küstenflüsse: Hudson, Delaware (wehr), Susquehana, Potómak, Jamesfluß (Dschäms). 2) Der Mississippi-Missouri, 6500 km lang; Nebenflüsse rechts: Missouri, Arkansas und roter Fluß; links: Illinois, Ohio mit Tennessee — in den Meerbusen von Mejico. 3) Der Rio grande del Norte — in den Meerbusen von Mejico.

b. zum großen Ocean: 4) Der Columbia-Fluß oder Oregon. 5) Der Colorado — in den Meerbusen von Kalifornien.

Tiefebenen: Die Tiefebenen am Mississippi und Missouri.

See: Der große Salzsee.

Einteilung.

Die Vereinigten Staaten bestehen aus 44 Staaten; die hauptsächlichsten Städte in denselben sind folgende:

1) Boston, Geburtsort Franklins. 2) New-York (Hudson), 1,5 Mill. Ew., die größte Stadt Amerikas, Univ. 3) Brooklyn (Bruklin). 4) Philadelphia (Delaware), 1 Mill. Ew., Univ. 5) Pittsburg. 6) Baltimore. 7) Washington (Potómak), Bundesstadt. 8) Richmond (Jamesfl.) 9) Cincinnati (Ohio). 10) Chicago (am Michigan-See). 11) St. Louis (Mississippi), 450,000 Ew. 12) New Orleans (Mississippi). 13) San Francisco (am großen Ocean).

Im N. W. liegt, von dem Hauptlande getrennt: Das Territorium Alaska.

4) Die Republik Mejico.

(1,945,000 qkm, 10 Millionen Ew.)

Gebirge: Das Hochland von Mejico oder von Anahuac mit den Vulkanen: Popocatepetl und Citlaltepetl.

Flüsse: 1) Der Rio grande del Norte — in den Meerbusen von Mejico. 2) Der Colorado — in den Meerbusen von Kalifornien.

Städte: 1) Mejico, Hauptstadt, 350,000 Ew., Univ 2) Puébla. 3) Vera-Cruz an der Ostküste. 4) Queretaro. Hier wurde Kaiser Maximilian 1867 erschossen. 5) Acapulco (am großen Ocean).

B. Mittel-Amerika.

Gebirge: Die mittel-amerikanischen Gebirge.

I. Das Festland mit den fünf Republiken: 1) Guatemala. 2) San Salvadór. 3) Honduras. 4) Nicaragua. 5) Costa Rica.

II. Westindien:

a. Die Baháma-Inseln (Guanahani oder San Salvador), britisch.

b. Die großen Antillen: 1) Cuba, spanisch, mit Habana, 220,000 Ew., Univ. 2) Jamaica, britisch. 3) Domingo oder Haïti (2 Republiken). 4) Puertorico, spanisch.

c. Die kleinen Antillen, im Besitz der Engländer, Franzosen, Niederländer und Dänen.

C. Süd-Amerika.

Vorgebirge: Das Kap Hoorn im S. und das Kap Branco im O.

Gebirge: I. Die Cordilleras de los Andes oder das Anden-Gebirge. vom Kap Hoorn bis zur Landenge von Panama, mit den Bergen Aconcagua, Soráta, Chimborazo und dem Vulkan Cotopaxi.

II. Die Gebirge von Brasilien.

III. Das Hochland von Guayana.

IV. Die Sierra Nevada de Santa Marta.

Meerenge: Die Magalhaens-Straße.

Flüsse: Zum atlantischen Ocean: 1) Der Magdalenenfluß. 2) Der Orinoco. 3) Der Essequibo. 4) Der Surinam. 5) Der Amazonenstrom, welcher bis zu der Einmündung des Ucayale Maranon heißt; Nebenflüsse rechts: Ucayale, Madeyra und Tocantine; links: Rio negro. 6) Der San Francisco. 7) Der La Plata mit dem Uruguay und dem Paraná.

Seeen: 1) Der Maracaibo-See. 2) Der Titicáca-See.

Tiefebenen: 1) Die Llanos am Orinoco. 2) Die Ebenen am Amazonenstrom. 3) Die Pampas am La Plata.

1) Die 3 columbischen Republiken.

a. Vereinigte Staaten von Columbia, vom Magdalenenfluß durchflossen. 1) Bogotá, Hptst., Univ. 2) Panamá auf der Landenge und am Meerbusen gl. N.

b. Vereinigte Staaten von Venezuela, vom Orinoco durchflossen. Carácas, Hptst., Univ.

c. Die Republik Ecuadór: Quito (Kito), Hptst., Univ. Im S. der Cotopaxi und der Chimborazo.

2) Die Republik Perú.

Die Quellen und der obere Lauf des Amazonenstromes; auf der Grenze von Perú und Bolivia der Titicáca-See.

Lima, Hptst., 100,000 Ew., 2 Stunden vom Meere, die älteste Universität Amerikas.

3) Die Republik Bolivia.

Die bolivianischen Cordilleren mit dem Sorate.

1) La Paz, 3700 m hoch gelegen. 2) Chuquisaca (Tschukisáka) oder Sukre, Hptst. 3) Potosi.

4) Die Republik Chile (Tschile).

Die Cordilleren von Chile mit dem Aconcagua.

1) Santiago, 200,000 Ew., Hptst., Univ. 2) Valparaiso, 100,000 Ew., Hafen.

5) Die Republik Paraguay.

Das Land wird durchflossen von dem Paraná und Paraguay. Asuncion (Paraguay), Hptst.

6) Die argentinische Republik.

Flüsse: Der La Plata mit dem Paraná und Uruguay. Buénos-Aires (Plata), Hptst., 550,000 Ew., Univ.

7) Die Republik Uruguay.

1) Montevidéo (Plata), Hptst. 2) Fray Bentos (Uruguay).

8) Guayana.

Das Hochland von Guayana mit den Quellen des Orinoco.

1) Die französischen Besitzungen mit der Hptst. Cayenne, Verbannungsort.

2) Die niederländischen Besitzungen mit Paramaribo.

3) Die britischen Besitzungen mit der Hptst. Georgetown.

9) Die Republik Brasilien.

(8,340,000 qkm, 14 Mill. Ew.)

Gebirge: Die brasilianischen Gebirge von der Mündung des La Plata bis zum Kap S. Roque.

Flüsse: 1) Der Amazonenstrom; links: Der Rio negro; rechts: Der Madéira und Tocantine. 2) Der San Francisco. 3) Der Paraná mit dem Paraguay.

Städte: 1) Rio de Janeiro, 400,000 Ew., Hptst., Univ. 2) Bahia oder San Salvadór, 140,000 Ew., Univ. 3) Pernambuco. 4) Pará, nahe dem Äquator. 5) Im S. Blumenau, deutsche Ansiedlung.

10) Patagonien.

Das noch unbekannte Land ist durch die Magalhaensstraße von der Südspitze Amerikas getrennt.

11) Feuerland.

Es besteht aus mehr als 30 Inseln; diese werden von den Pescheräs oder Feuerländern, einem rohen Nomadenvolke, bewohnt.

§ 13. Australien.

(9,000,000 qkm, 5 Mill. Ew.)

A. Der Kontinent von Australien oder Neu-Holland (britisch.)

Vorgebirge: 1) Kap York im Norden. 2) Kap Wilson im Süden. 3) Sandy (spr. ßendi) im Osten. 4) Steep Point (spr. Stihp Peunt) im Westen.

Gebirge: 1) Die Australalpen. 2) Die blauen Berge.

Meerbusen: 1) Im N. der Carpentaria-Busen. 2) Im S der Austral-Busen.

Meerengen: 1) Die Torres-Straße im N. 2) Die Baß-Straße im S.

Flüsse: 1) Der Murray (spr. Mörreh) im Osten, Nebenflüsse rechts: Der Murrumbidgee (spr. bidschi) mit Lachlan und der Darling. 2) Der Schwanenfluß im W.

Tiefebene: Die ostaustralische Tiefebene, vom Murray durchflossen.

Einteilung.

I. Ost-Australien.

a. Viktoria im S. O.: Melbourne, Hptst., 440,000 Ew
b. Neu-Süd-Wales im N. von Viktoria: Sydney (spr. ßidni), Hptst., 360,000 Ew., Univ. c. Queensland (spr. Kwihns) Brisbane (spr. Brisbehn), Hptst.

II. Süd-Australien.

Adelaide, westlich von der Mündung des Murray Hptst.

III. West-Australien.

Perth (spr. Perß), am Schwanenflusse.

B. Die innere Inselreihe.

1) Tasmania (Vandiemens-Insel), britisch, durch die Baß-Straße von Neu-Holland getrennt.

2) Die Doppel-Insel Neu-Seeland (britisch) von der Cookstraße durchschnitten.

3) Neu-Kaledonien (französisch), Verbannungsort.

4) Neu-Guinea, durch die Torres-Str. von Neu-Holland getrennt. Die westliche Hälfte ist niederländisch, von der östlichen ist der S. englisch, der N. deutsch, Kaiser Wilhelms-Land genannt.

5) Der Bismarck-Archipel ist deutsch; die beiden größten Inseln sind: Neu-Pommern und Neu-Mecklenburg.

6) Die Salomons-Inseln, von denen die Nordhälfte deutsch ist.

C. Die äußere Inselreihe.

1) Die Marianen oder Ladronen } spanisch.
2) Die Karolinen }

3) Der deutsche Archipel der Marschall-Inseln.

4) Die Sámoa- oder Schiffer-Inseln.

5) Die Tonga- oder Freundschafts-Inseln.

6) Die Gesellschafts-Inseln, französisch. Taiti ist die größte.

7) Die 12 Sandwich- (ßänduitsch) oder Hawaii-Inseln, ein Königreich. Die Residenz des Königs ist Honolulu auf Oáhu. Hawaii, auf welcher Cook 1779 ermordet wurde, ist die größte.

FSC
www.fsc.org
MIX
Papier | Fördert
gute Waldnutzung
FSC® C083411

Zeitfracht Medien GmbH
Ferdinand-Jühlke-Straße 7
99095 Erfurt, Deutschland
produktsicherheit@kolibri360.de